JN159847

今日から
モノ知り
シリーズ

トコトンやさしい

電気の本 第2版

電気の科学技術はここにきて格段に進歩してきている。電気は私たちにとって身近な存在であり、同時に謎めいた不思議な存在でもある。本書では、電気に関連した工学知識について、基礎から応用までを、新しい知見と未来への展望も含めてやさしく紹介する。

山﨑耕造

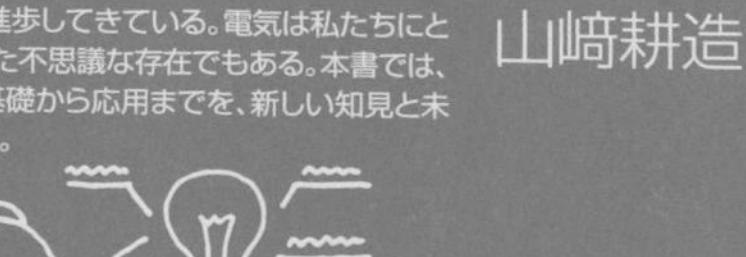

B&Tブックス
日刊工業新聞社

日常、誰もが使っていながら、不思議なことがたくさんある電気の世界を楽しく解説する本として、「トコトンやさしい電気の本」の初版が、谷腰欣司氏により13年前に書かれました。静電気、直流と交流、電流、電磁石、電磁波などの知識から、暮らしの中の電気、ハイテク分野の話題まで幅広く紹介されていました。

今回、第2版の執筆依頼があり、一般の人にとって電気の世界をなるべく幅広くやさしく紹介し、同時に、学生や電気従事者にとっても役立つように電気の分野を体系立ててやさしく楽しく解説するように試みました。ここ十数年間で電気の科学技術は格段に進歩してきています。最近の進展、新しい知見と未来への展望を含めて、谷腰欣司氏の初版を全面的に書き換えて、新しく第2版を作成しました。

第一に、基礎編の前半として、電荷と電流の基礎（第1章　静電気と電流のはなし）と、電流と磁場の基礎（第2章　磁石と電流のはなし）をやさしく説明します。電磁気学の基本となる章ですが、雷や地球磁場発見の歴史や、クーロンの法則、アンペールの法則を含めて電気・磁気の基礎を紹介します。

基礎編の後半では、電磁波と情報通信の基礎（第3章　電磁波と情報通信のはなし）、電気回路学と半導体工学の基礎（第4章　電気回路とエレクトロニクスのはなし）、そして、電力工学とパワーエレクトロニクスの基礎（第5章　電力とパワーエレクトロニクスのはなし）をやさしく説明します。マイクロ波や光ネットワーク、オームの法則やファラデーの法則からのインピーダンスの定義、そして、発電・送電のしくみとインバータを含めて、電気工学の基礎をやさしく紹介します。

第2に、応用編の前半として、電子機器工学（第6章　ハイテクな電子・情報機器）と電気機器工学（第7章　頼もしい電気・動力機器）に関連して、電気を使った便利な様々な機器をやさしく説明します。特に、家電、テレビ、電子レンジ、コピー機など日常の機器に焦点をあてて、やさしく紹介します。

応用編の後半では、電気と生命・医療、電気と地球・宇宙との不思議なかかわりあいをやさしく説明します。電気生理学と医療電子工学（第8章　不思議な生命・医療の電気）や、地球電磁気学と宇宙電磁気学（第9章　驚きの自然・宇宙の電気）に関連する不思議で興味深い現象を紹介します。

第3に、未来編として、未来電気工学（第10章　輝かしい電気の未来）を紹介します。先進のウェアラブルデバイス、先進の知能ロボット、夢の未来自動車など、電気に関連する未来科学を展望します。

電気は私たちにとって身近な存在であり、なくてはならないものです。同時に、謎めいた不思議な存在でもあります。電気に関する本書が、読者にとって幅広い興味を持つ契機となれば幸いです。

最後になりましたが、本書作成に当たり、日刊工業新聞社の鈴木徹部長をはじめ、多くの関係者の方にお世話になりました．ここに深く感謝申し上げます．

2018年6月

山﨑耕造

【基礎編】

第1章 静電気と電流のはなし（電荷と電流の基礎）

第2章 磁石と電流のはなし（電流と磁場の基礎）

第3章 電磁波と情報通信のはなし（電磁波工学と情報通信工学）

第4章 電気回路とエレクトロニクスのはなし(電気回路学と半導体工学)

第5章 電力とパワーエレクトロニクスのはなし(電力工学とパワーエレクトロニクス)

【応用編】

第6章 ハイテクな電子・情報機器 (電子機器工学)

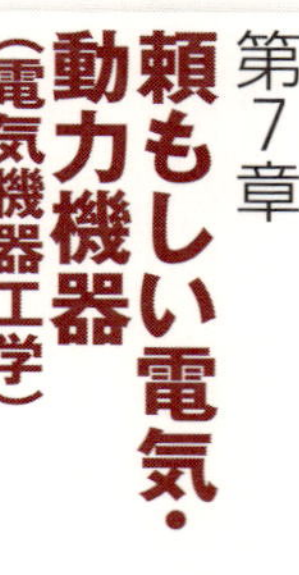

第7章 頼もしい電気・動力機器 (電気機器工学)

第8章
不思議な生命・医療の電気
（電気生理学と医療電子工学）

第9章
驚きの自然・宇宙の電気
（地球電磁気学と宇宙電磁気学）

【未来編】
第10章 輝かしい電気の未来（未来電気工学）

【コラム】

第1章

静電気と電流のはなし（電荷と電流の基礎）

1 電気と磁気の発見はいつ頃か？

古代ギリシャでの摩擦電気と磁鉱石

紀元前600年頃、古代ギリシャのミレトス生まれの自然哲学者タレスは万物の根源（アルケ）は水であると考えました。タレスは琥珀（こはく）を動物の皮でこすると、糸くずのような軽い物を引きつけることを知っていたとされています。これは摩擦により電気が発生したことによります。2つの物体をこすり合わせると、表面の電子が移動し、それぞれの物体は電気（摩擦電気）を帯びます。電子が離れやすい毛皮が正に、電子が離れにくい琥珀が負に帯電しています。

琥珀は木の樹脂が地中で長い年代で固化したアメ色の宝石であり、昆虫や植物が混入していることがあります。恐竜の血を吸った蚊からDNAを採取して恐竜をよみがえらせるSF映画「ジュラシックパーク」にも登場します。古代ギリシャでは、琥珀を「太陽の輝き」との意味でエレクトロンと呼ばれており、英語での電気（electricity）の語源となりました。

一方、磁気に関しては、古代ギリシャで天然の磁鉄が発見されており、羊飼いの杖の先端の鉄が磁鉱石に引き付けられることがわかっていました。この磁鉱石を多く産出する古代ギリシャの地方名マグネシアがマグネット（magnet）の語源となりました。

古代中国では天然磁鉱石は赤ん坊を抱く母親に似ていることから「慈しむ石」と呼ばれ、この「慈石」が「磁石」の由来となりました。磁鉄鉱の産地は当時「慈州」と呼ばれ「磁州」となって、現在の河北省の邯鄲市磁県に名前が残っています。

人類が電気や磁気の性質を解明し、それらを有効に利用するには長い年月が必要となりました。電気についてはフランクリンの雷実験（1752年）が、磁気についてはギルバートの地磁気模擬の球磁石実験（1600年）が近代の電磁気学の幕開けとなりました。日本では1776年に平賀源内がライデン瓶付きのポルトガル製の摩擦起電機エレキテルの修復や磁針器（方位磁石）の製作を行っています。

●「電気」の英語の語源は琥珀（エレクトロン）
●「マグネット」の語源は磁鉱石産出の地方名マグネシア、漢字「磁石」は「慈しむ石」から

電気の語源:エレクトロン(琥珀)

摩擦電気

琥珀
(エレクトロン)

毛皮

タレス(紀元前624年～紀元前546年)
古代ギリシャの自然哲学者

琥珀を毛皮でこすると電気が生まれることをタレスも知っていました

磁気の語源:マグネシア地方

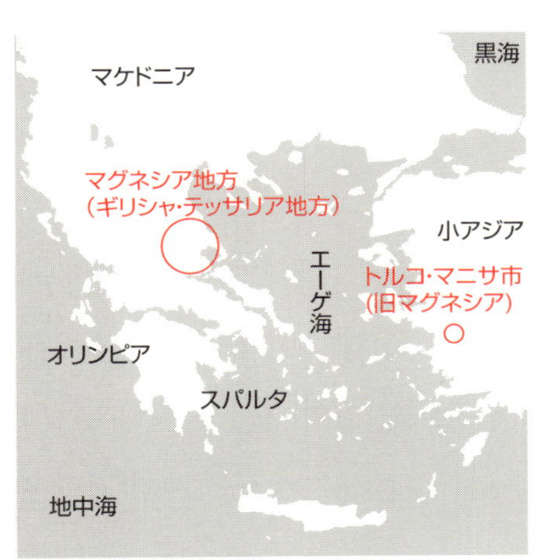

古代ギリシャのマグネシア地方
(候補地はギリシャとトルコの2箇所)

杖の先端(鉄)が特別な石に引きつけられることを羊飼いは知っていました

2 こすると電気が起こるのはなぜ？

摩擦電気

冬の乾燥時にドアノブを触ると「バチッ」と痛みを感じることがあります。また、セーターを脱いだ時に「パチパチ」と音がすることがあります。これは電気によるものであり、家庭で使う電気（動電気、流れている電気）に対して「静電気」と呼ばれています。

金属製のドアノブの場合には、プラスに帯電している指を近づけるとマイナスの電荷が指の近くに集まり放電が起こります。プラスチックなどの絶縁物のドアノブの場合にはマイナスの電荷が集まってこないのでこの感電は起こりません。

セルロイド製の下敷きで髪の毛を浮かび上がらせることができます。セルロイド製の平板の下敷きと髪の毛の摩擦により、下敷きにマイナスの静電気がたまり、プラスに帯電した髪の毛を浮かび上がらせるのです（上図）。

一般に、2つの異なる物体をこすり合わせると、表面の電子が移動しやすい物体から電子が移動しづらい物体へと自由電子が移動し、それぞれの物体はプラスおよびマイナスの電気を帯びることになります（中図）。これを「摩擦電気」といい、電気を帯びることを帯電といいます。帯電体の周りには「電場」（工学分野では「電界」とも呼ばれます）ができています。

ガラスやプラスチックなどの絶縁体の表面をきれいにし乾燥させると摩擦による帯電がしやすくなります。金属のように電気を通す物体でも、周りと絶縁することによって帯電させることができます。ガラス棒を絹のハンカチでこすると、ガラスはプラスに、絹がマイナスに帯電して静電気がたまります。また、塩化ビニル棒を毛皮でこすると塩化ビニル棒にはマイナスの電荷がたまります。電子が離れやすい方がプラスに、電子が離れにくい方がマイナスに帯電します。電子の離れやすさの順位を示す「摩擦帯電列表」があります（下図）。ただし、材質の表面の状態や環境に依存するので絶対的な表ではありません。

要点BOX
- ●摩擦により静電気（摩擦電気）が発生します
- ●ガラスはプラスに、絹がマイナスに帯電
- ●摩擦帯電列表で電子の離れやすさ（正に帯電）

身近な静電気の例

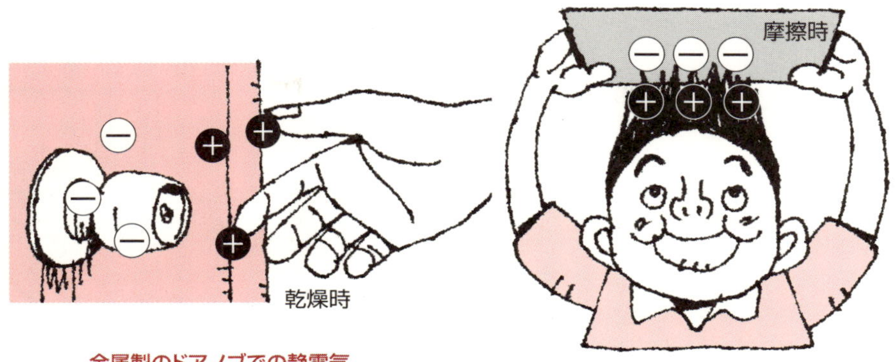

金属製のドアノブでの静電気

セルロイド製の下敷きでの静電気

静電気の発生の模式図

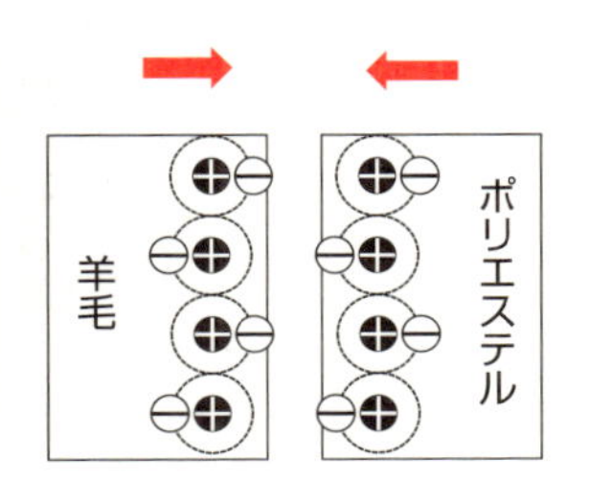

(a)物体を近づけます

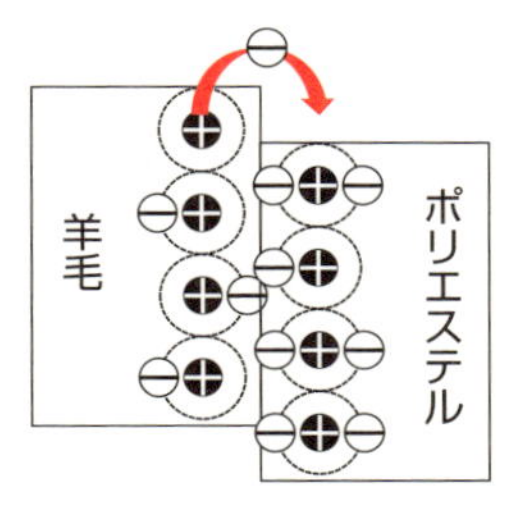

(b)接触･摩擦により
電子が移動します

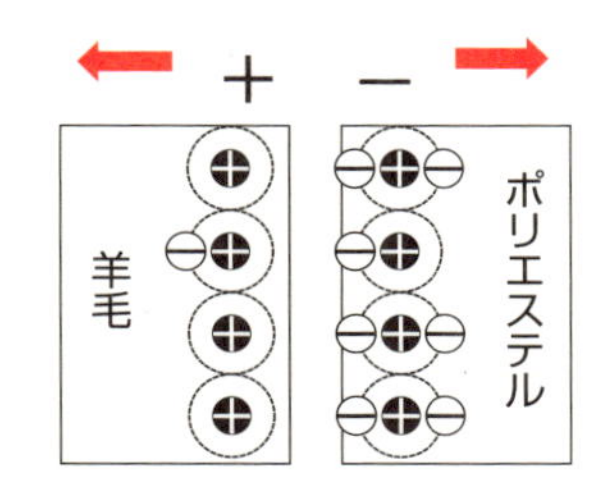

(c)離してもプラス、マイナスの
電荷が残ります

摩擦帯電列表

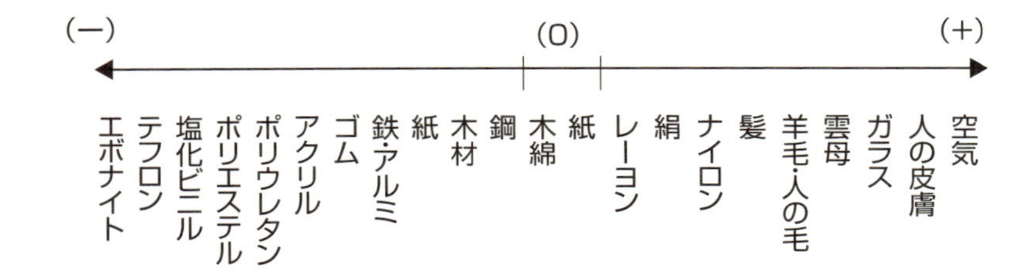

3 フランクリンの凧上げ実験とは？

雷とプラス電気

古来、雷は天の神としてあがめられ、ギリシャ神話でのゼウスやローマ神話でのジュピターが雷を操る神です。日本でも神の仕業として、雷鳴を「神鳴り」とよび、田畑に雨をもたらしてくれる神として、雷光を「稲光(いなびかり)」と呼んでいました。

雷が電気現象であることを初めて明らかにしたのは、独立宣言の起草者の1人として有名な米国の政治家・科学者であるベンジャミン・フランクリンです。

1752年、フランクリンは暴風雨の際に雷を誘導するための針金を取り付けた凧を揚げて、凧ひもを通してライデン瓶に電気を貯める実験を試みています。「ライデン瓶」はオランダのライデン大学で発明され、中心導体から鎖をつけてガラス瓶の内側に張った金属箔に接触させ、瓶の外にも金属箔を取り付けた装置です。電気はコンデンサの原理で内外の箔の間に蓄積されます。

フランクリンの凧の実験では、雷から電流が流れてライデン瓶に電気がたまったとされていますが、雷電流が流れると糸も大電流で焼け溶けて感電死に至る危険性があります。実際にロシアの科学者が同様な実験で感電死しています。フランクリンの場合には静電誘導によりライデン瓶が充電されたものと考えられます。もともと、1773年にフランスのデュ・フェが、摩擦電気には「ガラス性」電気と「樹脂(コハク)性」電気があるとして、プラスとマイナスの電荷2流体説を唱えました。一方、フランクリンは雷の実験で、1種類の液体であるとして、ガラス性電荷をプラス電荷の1流体と決めて、「プラスからマイナスへ電気が流れる」と説明しました。これが今日の「原子核がプラスで電子がマイナス」とした定義です。実は、正と負の定義を逆にしても、電気現象の説明は変わりません。

フランクリンは避雷針の発明でも有名で、「Fr(フランクリン)」が電荷の単位として用いられています。

要点BOX
- ●雷は電気現象との発見はフランクリンによる
- ●凧の実験では、ライデン瓶が用いられた
- ●フランクリンが一流体プラス電荷を定義

フランクリンと電気1流体説

ベンジャミン・フランクリン
（1706年-1790年）

アメリカの政治家・科学者
トーマス・ジェファーソンとともに アメリカ独立宣言の
起草委員の1人であり、アメリカ建国の父の1人。
雷が電気でできていることを発見。

現在の電荷の正負の定義の由来

フランクリンの凧上げ実験

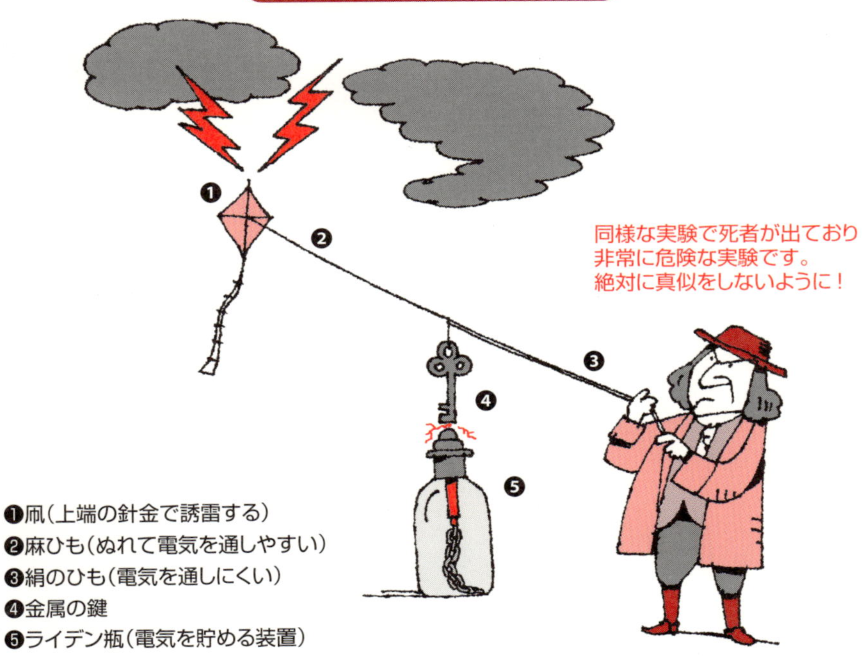

❶凧（上端の針金で誘雷する）
❷麻ひも（ぬれて電気を通しやすい）
❸絹のひも（電気を通しにくい）
❹金属の鍵
❺ライデン瓶（電気を貯める装置）

ライデン瓶はガラス瓶の内外に蒸着された電極を持つコンデンサーに相当し、ここに静電気エネルギーが貯蔵されます。

4 車の中は落雷時に安全か？

静電誘導と静電遮蔽

帯電していない導体（金属球）と帯電した絶縁棒を考えます（上図ⓐ）。導体に帯電棒を近づけると、導体の帯電体側部分には帯電棒と逆の電荷が引き寄せられ、導体の逆側部分には帯電棒と同じ電荷が生じます（図ⓑ）。この現象を「静電誘導」といいます。帯電棒を近づけた状態で金属球を接地すると、帯電棒の逆側部分の金属球の電荷がなくなります（図ⓒ）。

物体が帯電しているか否かを調べるのに「箔検電器」が用いられます。マイナスに帯電した棒を箔検電器の金属板に近づけると、プラスの電荷が金属板表面に誘起され、金属箔にはマイナスの電荷がたまり、箔が開きます。このように、プラス・マイナスの何れかの帯電体を導体の片側（箔検電器の場合は金属板）に近づけると、導体の帯電体側の部分では帯電体の電荷と逆の電荷が引きつけられ、導体の逆側の部分に帯電体と同じ電荷が生じます。この場合、電荷保存の法則により、誘導された正と負の電荷の絶対値は等しくなります。

導体球殻の内部に電荷があり、内部に電場（電界）が生成されている場合を考えてみましょう。導体が接地されてない場合には（左頁下図ⓐ）、球殻導体の静電誘導により外にも電場が生成されます。導体球殻が接地されている場合には（左頁下図ⓑ）、球殻の外には電場は生成されません。一方、導体の外部のみに電荷、あるいは、電場がある場合には（左頁下図ⓒ）、球殻導体の内面は同じ電位なので、球殻導体を接地しても接地しなくても、導体に囲まれた空間内部では電位は常にゼロとなります。

一般的に、導体で囲まれた空間の内部は、外側の空間と隔離され、外部の電場は内部に影響を及ぼしません。これらの現象を「静電遮蔽」といいます。落雷時に車の中が安全なのは、この遮蔽効果によります。なお、静電遮蔽は金網のような囲いでも起こり、網目が細かいほど十分な効果が期待できます。

要点BOX

- ●導体に帯電体を近づけると静電誘導が起こる
- ●導体球殻内に電荷がある場合には、接地すれば電場は外部に出ない（静電遮蔽）

静電誘導のしくみ

(a)帯電体が遠くにある場合

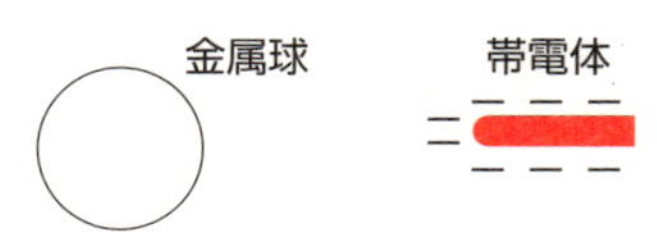

(b)帯電体が近くにある場合

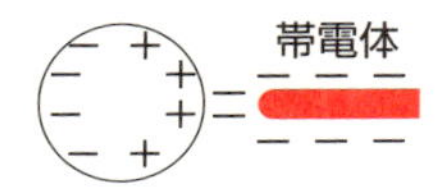

(c)球を接地した場合

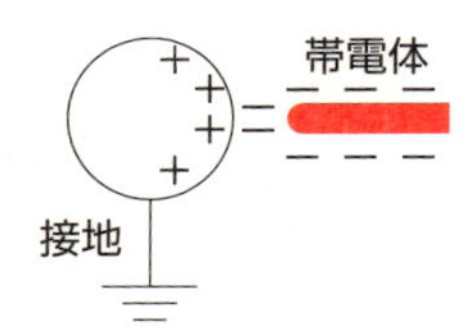

箔検電器

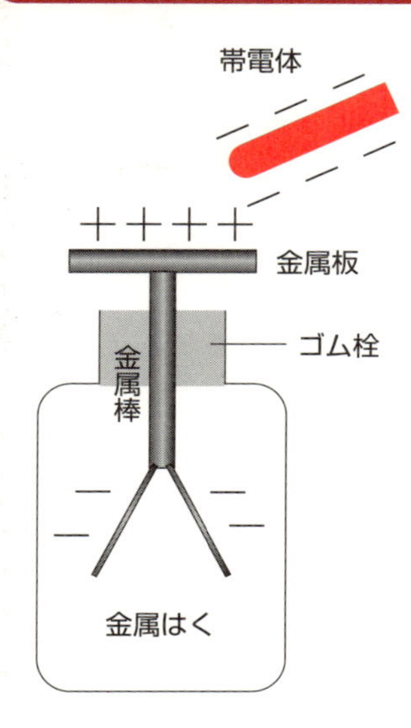

静電遮蔽のしくみ

球殻導体の内部に帯電体がある場合

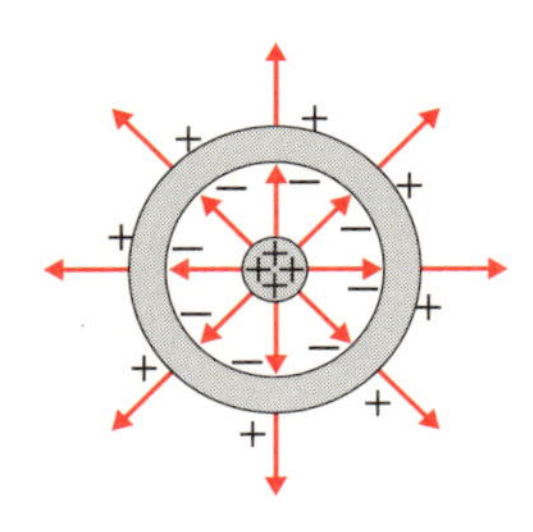

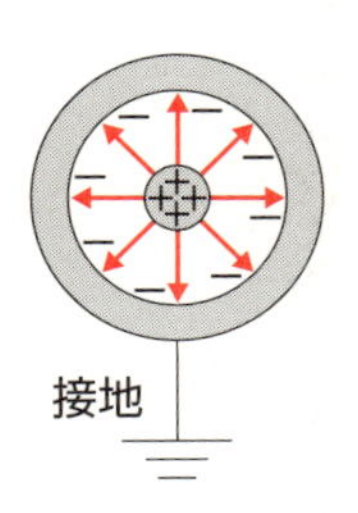

外部に帯電体がある場合

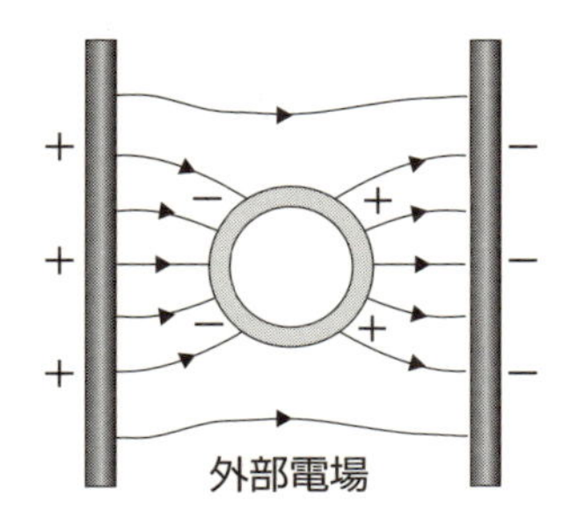

(a)球殻導体が接地されていない場合は、外部に電場が誘起されます

(b)球殻導体が接地されている場合は、外部の電場はゼロとなり、外部への静電場が遮蔽されます

(c)球殻導体の外に電荷や電場がある場合には，接地の有無にかかわらず、内部の電場はゼロとなります

5 電流はどの電荷の流れか？

導体中の負の自由電子電流と溶液中の正負のイオン電流

荷電粒子が連続的に移動する時の電荷の流れを「電流」といいます。陽極から陰極への正の電荷の流れの向きを電流の正の方向としています。

物質には、電流が流れやすい導体と流れない絶縁体とがあります。金属導体では負電荷を持つ自由電子が存在します。現在の電荷の正負の定義はフランクリンによりなされました（3項参照）ので、電流の実体は導体内では正電荷の流れではなくて負電荷の自由電子の流れであり、電流の流れの方向は電子の流れの方向と逆となっています（左頁上図ⓐ）。

正電荷が移動する電流もあります。電解質の液体では陽イオン原子と陰イオン原子に電離されており、陽イオンの移動の方向が電流の向きに、陰イオンは電流と逆の方向に動きます（上図ⓑ）。

気体中の電流は、陰極電極から放出される電子が気体を電離し、正のイオンと負の電子がともに移動します（上図ⓒ）。正イオンと電子の密度の空間的な偏りは、加える電圧や真空度に依存して変化します。

国際単位系の基本単位として、電気に関してはアンペア（A）が用いられています（コラム36頁参照）。1アンペアは、「真空中に1mの間隔で平行に置かれた無限に小さい断面の無限に長い2本の直線状導体のそれぞれを流れ、導体の1mにつき1千万分の2ニュートン（2×10^{-7}N）の力を及ぼし合う直流の電流」と定義されます。電流1アンペアが1秒間流れた場合に、移動した電荷が1クーロン（C）です。

電流の実体としての電子は、1897年に英国のJ・J・トムソンにより発見されました。真空中での放電では陰極線と呼ばれる粒子の流れが英国のウイリアム・クルックスにより明らかにされていました。陰極線の進路に小さな物体を置くとその影があらわれたり（下右図）、小さな羽根車が回転したり、さらに、磁場により曲げられることにより、陰極線が微少な負の荷電粒子の流れであることが実証されました。

要点BOX
- 導体中の電流は逆方向の電子の流れ
- 電流1アンペア（A）は電荷1クーロン（C）の電荷が1秒間に移動した流れ

物質内の電流

金属導体内の電流

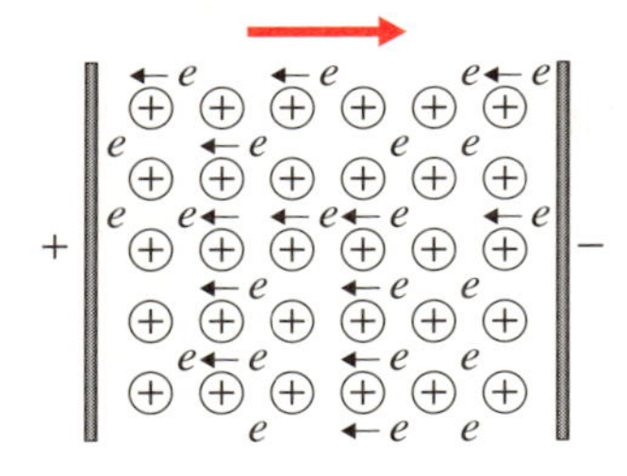

（固体）

原子核イオンは動かず、自由電子が右から左へ移動します。電流は逆に左から右に流れると定義されています。

電解質内の電流

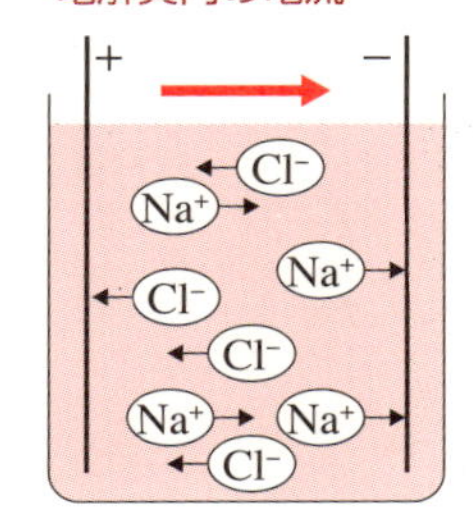

（液体）

陽イオン原子と陰イオン原子がともに移動します。

放電管内の電流

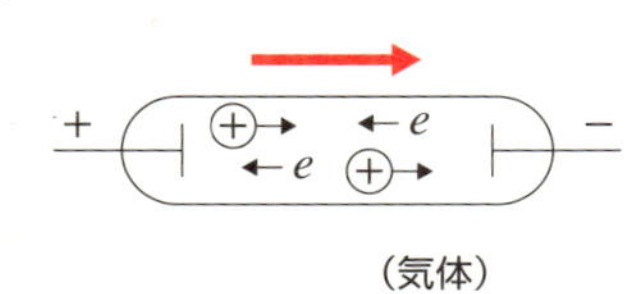

（気体）

陰極から放出される電子が気体を電離し，正イオンと負の電子がともに移動します。

電流(A)と電荷(C)の定義

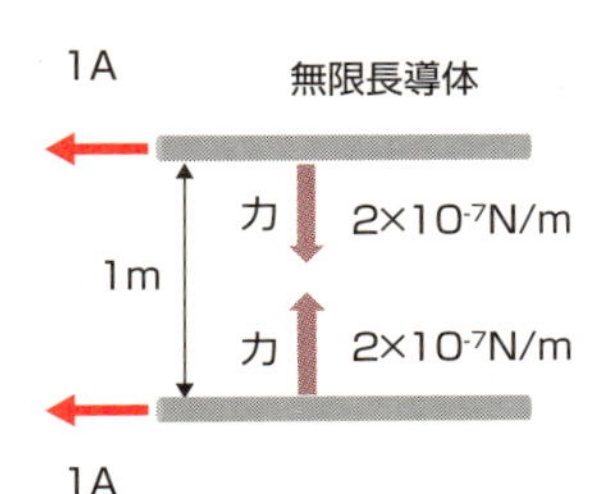

N/m:ニュートン毎メートル
（単位長さあたりの力）

電荷（C:クーロン）
=電流（A:アンペア）×時間（s:秒）

陰極線の正体としての電子

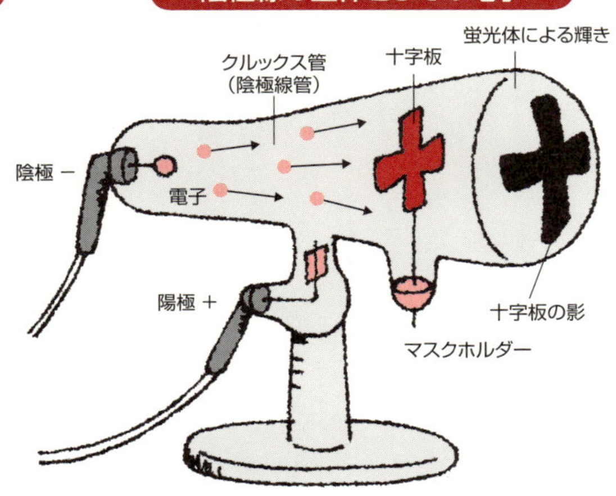

陰極から飛び出した電子は直進します。
この電子流の陰が観測できます。

6 電気力は距離の2乗に反比例する!?

クーロンの法則とガウスの法則

すべての重さのある物体はお互いに引き合い、2つの物体の質量の積に比例し、距離の2乗に反比例する力が働きます。これはニュートンにより発見された万有引力の法則です。帯電体同士の力(電気力)も万有引力と同様に距離rの逆2乗則($\propto r^{-2}$)に従っています。1785年にフランスのシャルル・ド・クーロンは捩じり秤の装置を用いて2つの電荷の間で作用し合う力を直接的に測定し(上図)、2つの電荷の積に比例し、距離の2乗に反比例する法則を導き出しました。これは「クーロンの法則」と呼ばれています。

質量間の力は引力しかありませんが、電荷の場合には正電荷と負電荷があるので、正と負の電荷では引力が、同じ電荷同士では斥力が働きます(中図)。

大きな質量Mの物体(例えば地球)の近くに小さな質量mの物体を置くと、万有引力の法則により重力が働きます。力を生み出す空間を「重力場」と呼び、重力加速度gで評価できます。同様に、大きな電荷Qの近傍には「電場」ができており、小さな電荷に働く力は電荷qに比例します。重力場での加速度のように、電場での「電界強度」Eを定義できます(左頁下図)。Eは力(ニュートン、記号N)を電荷(クーロン、記号C)で割ったN/Cであり、電圧(ボルト、記号V)を距離で割ったV/mで書き換えられます。

電荷からの電気力線を束ねたものを「電束」といいます。電束の粗密で電場の大きさを表すことができ、単位C/m²の「電束密度」Dが定義できます。電束密度Dと電界強度Eとの関係は真空の誘電率ε_0と比誘電率ε_rを用いて、$D=\varepsilon_r\varepsilon_0E$と書けます。空気の比誘電率はほぼ1です。電荷のない空間では電気力線は減ったり増えたりすることはありません。したがって、任意の閉曲面を通過する電束の総和は、閉曲面内部にある電荷の総和になります。これは「ガウスの法則」と呼ばれ、静電気での重要な法則です。

要点BOX

- クーロンの法則は距離に関して逆2乗則
- 電界強度E(N/C、またはV/m)は場の力から定義
- 電束密度D(C/m²)は電気力線の束から定義

クーロンのねじり秤の実験

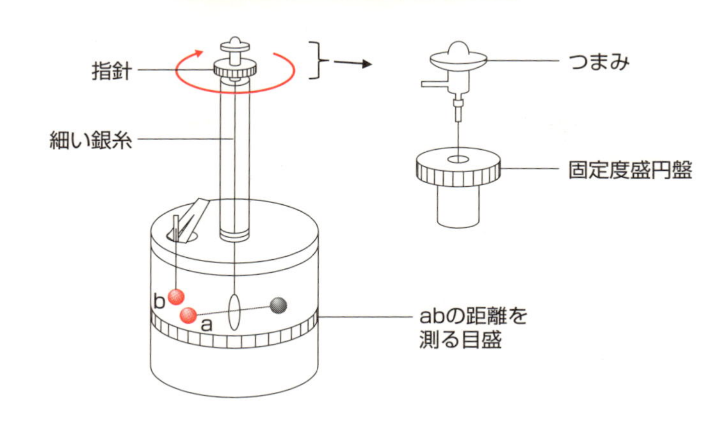

（a）装置　　（a）頭部

引力または斥力としての電気力

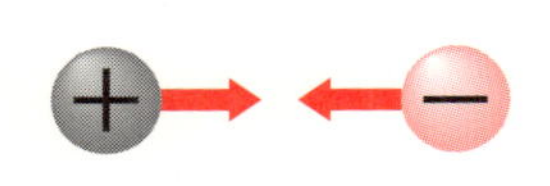

引力
（正負が異なる電荷間）

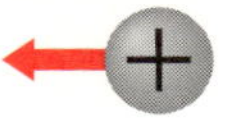

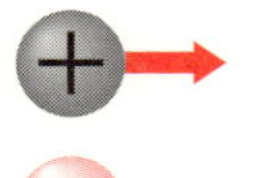

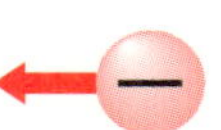

斥力
（正負が同じ電荷間）

重力と電気力の比較

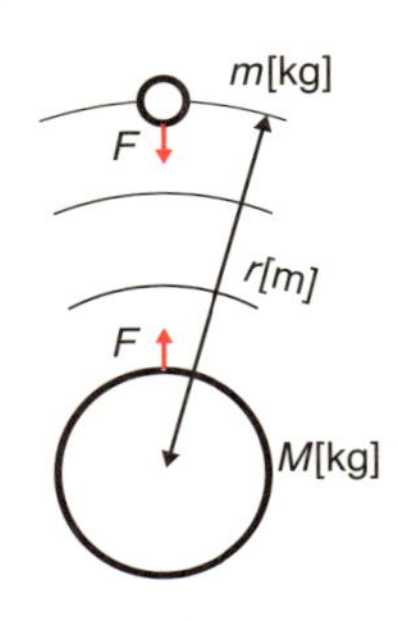

重力
万有引力の法則
$F = G\dfrac{mM}{r^2}$

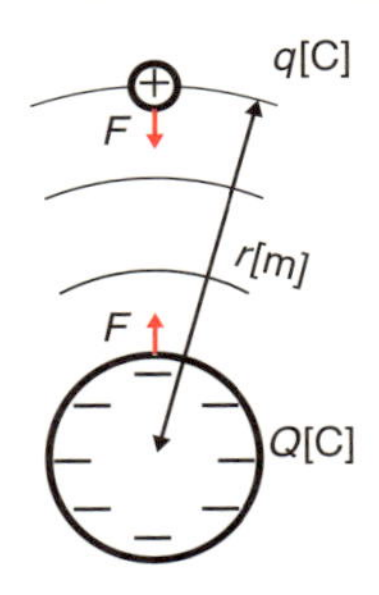

電気力
クーロンの法則
$F = k_q\dfrac{qQ}{r^2}$

$k_q = \dfrac{1}{4\pi\varepsilon_r\varepsilon_0}$

重力加速度gの定義
重力　$F = mg$
$g = G\dfrac{M}{r^2}$

電界強度Eの定義
電気力　$F = qE$
$E = k_q\dfrac{Q}{r^2}$

電束密度Dの定義
電束Q，球の表面積$4\pi r^2$
$D = \dfrac{Q}{4\pi r^2}$

Column

電荷はクォークとレプトンから!?（素粒子の標準理論と反粒子）

物質は分子または原子で構成されており、原子は正電荷を持つ「原子核」とマイナスの電荷−eを持つ「電子」で構成されています。原子核は正電荷eを持った「陽子」と電荷を持たない「中性子」で構成されています。1個の陽子と1個の電子とでは正負は逆ですが電荷の大きさは同じであり、その電気量を電荷素量、あるいは、素電荷といいます。身のまわりの物質の電荷量は必ずこの素電荷の整数倍です。物質が陽子、電子、中性子からできており、この物質が不滅であることから、電磁気学での電荷保存の法則が成り立ちます。

原子核の中の核子（陽子、中性子）は素粒子としての「アップクォーク」（電荷は＋⅔）と「ダウンクォーク」（電荷は－⅓）で構成されており、陽子は2個のアップクォークと1個のダウンクォークで、また、中性子は1個のアップクォークと2個のダウンクォークで構成されています。クォークの電荷から、陽子の電荷が+1で中性子の電荷がゼロであることがわかります。ただし、クォークは単独で核子から取り出すことはできません。

素粒子の「標準理論」では、クォークは6種類あり、質量とスピン（自転のパラメーター）は同じですが電荷の正負が逆の反クォークもあります。宇宙線のなかで見つかる中間子は、この反クォークと異なるクォークとの2個で構成されています。マイナス電荷の電子（エレクトロン）も6種の「レプトン」と言われる素粒子のなかの1つであり、反粒子としてのプラス電荷の電子（陽電子、ポジトロン）があります。

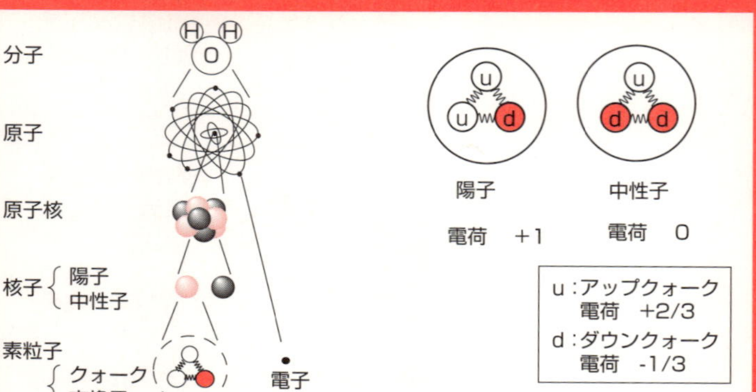

物質（原子核、電子）の構成　　核子（陽子，中性子）の構造と電荷

第2章

磁石と電流のはなし（電流と磁場の基礎）

7 磁石の磁気力とは？

N極とS極との双極

摩擦電気の電荷と同様に磁鉱石の磁石は古くから存在が確認されていましたが、静電荷と静磁石はお互いには力を及ぼさないことが知られていました。

電荷のように、磁石には鉄片などを引き付ける働きがあります。これを電荷の「電気力」に対して「磁気力」といいます。自由に回転出来る棒磁石で北を向く側（磁極）をN極（または正極）、南を向く極をS極（または負極）と定義します。「電荷（電気量）」のように、「磁荷」あるいは「磁気量」を m_1、m_2 とすると、電気力と同じように磁気力F［N］を定義する事ができ、磁気に関する「クーロンの法則」が成り立ちます（左頁上図）。力は電荷同士や磁荷同士の距離の二乗に反比例します、同じ種類の磁極では反発し合いますが、異なる磁極では引き合います。電気量として「クーロン（記号はC）」が用いられるように、磁気量の単位は「ウェーバー（記号はWb）」が使われ、N極の磁気量を正、S極の磁気量を負としています。

引力や斥力の法則は電荷と磁荷とは同じですが、本質的に異なる点があります。正と負に帯電体を分割すれば、単独の電荷を帯びた棒を作ることができますが、磁極は電荷の正・負と異なり、磁石を分割してもN極だけの磁石を作ることができません（下図）。磁荷の場合には、必ずN極とS極が対となった「磁気双極子」しかありません。

電荷の実体としての元素は正の原子核と負の電子ですが、単極の磁荷の実体としての元素は私たちの世界には存在しません。電荷の流れとしての電流が双極磁場を作り、磁石の内部では分極した電荷の回転により双極磁場の寄せ集めとしての磁石の磁場が作られます。

単極の磁荷の実体があるとすると「単極子（モノポール）」ですが、宇宙生成の初期には存在した可能性があり、現在でも暗黒物質の候補の1つとして、宇宙での探索が行われています。

要点BOX

- ●磁荷の単位はウェーバー（記号はWb）
- ●磁石は分割しても単極の磁石は作れない
- ●モノポール（単極子）の探査が行われています

電気力と磁気力

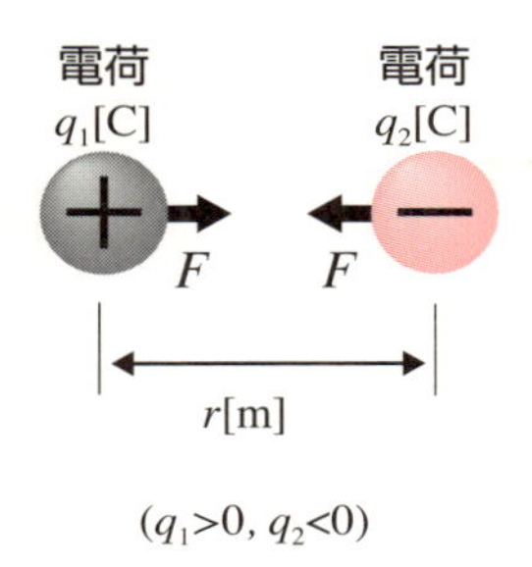

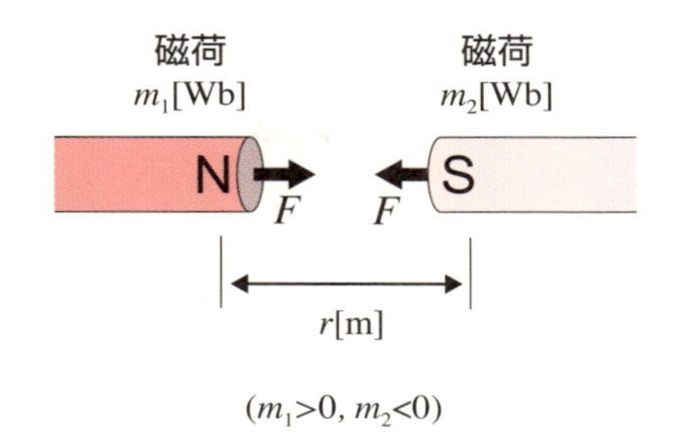

電気に関するクーロンの法則
電気力

$$F = k_{\mathrm{q}} \frac{q_1 q_2}{r^2}$$

磁気に関するクーロンの法則
磁気力

$$F = k_{\mathrm{m}} \frac{m_1 m_2}{r^2}$$

帯電体と磁石の分割の違い

帯電体
（正電荷と負電荷が等しい場合）

+ −

+ −

+ + − −

正電荷または負電荷だけの
帯電体に分割できる。

磁石
（N極とS極）

N S

N S N S

N S N S N S N S

N極またはS極だけの
単極磁石は作れない。

8 地球は大きな磁石か？

ギルバートの地磁気の実験

地球環境は地磁気のおかげで太陽からの高速粒子の流れ（太陽風）や宇宙線の脅威から守られてきました。地球に磁場が生成されなかったならば、大気も水も存在できず、生命の誕生・生育もなかったと考えられています。大航海時代には、地磁気を利用した羅針盤（方位磁針、磁気コンパス）が不可欠でした。

地球が大きな磁石であることを示したのは英国の医師で物理学者のウイリアム・ギルバート（1544〜1603）です。1600年に著書「磁石論」において、球形磁鉄鋼の磁石で地磁気の方向を再現しました。

ある場所での地磁気はその強さと、方向としての伏角（水平面とのなす角）と偏角（地理上の北の方向となす角）により定義されます。赤道付近では地磁気は地表面と平行であり、高緯度付近では伏角が大きくなり、地球を磁気双極子として、棒磁石で近似できます。地磁気により方位磁針のN極が北を向くので、逆に地球は北極にS極があり南極にN極がある大きな棒磁石であると考えられます。この地磁気の源がを地球内部のみにあるとしての詳細な解析はドイツの数学者で物理学者であるカール・フリードリヒ・ガウス（1777〜1855）によりなされ、地磁気の99％が地球内部からであることが明確化されました。現在では、地球外の寄与として電離層の電流が地磁気に影響しており、磁場を伴った太陽風による影響も明らかになっています。

実際には地球の内部は高温であり、永久磁石説は成り立ちません。電磁流体によるダイナモ効果による地磁気の生成・維持の考えが必要となります（54）。

地球中心の双極子による磁場で地磁気を近似したとき、その双極子磁場の軸と地表との交点を「地磁気極」、あるいは磁軸極と呼ばれています。一方、地磁気の伏角が±90度になる場所を「磁極」と呼びますが、多重極の磁場成分が変化することで、地磁気極と異なり、磁極は激しく移動しています（下図）。

要点BOX
- 地球は大きな球形磁石であることをギルバートが実証し、ガウスが解析
- 地磁気北極と異なり、磁北極は激しく移動

電気と磁気の父　ギルバート

ウィリアム・ギルバート
（William Gilbert 、1544年～1603年）

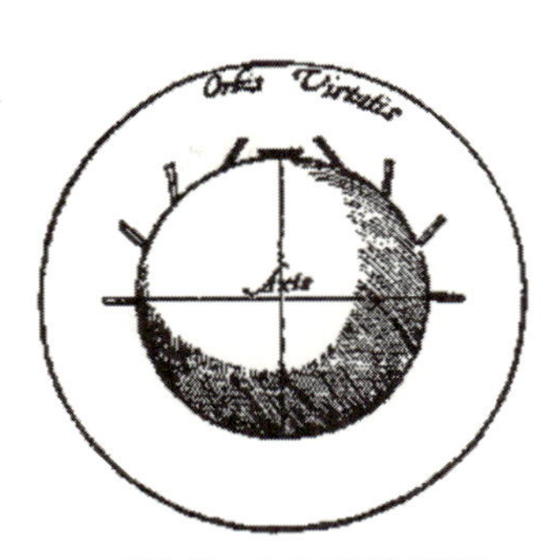

ギルバートの地磁気模型
水平軸にN極とS極がある球形磁石

地磁気極と磁極との永年変化

自転軸
地磁気北極
真北
S
N
地磁気南極
11°

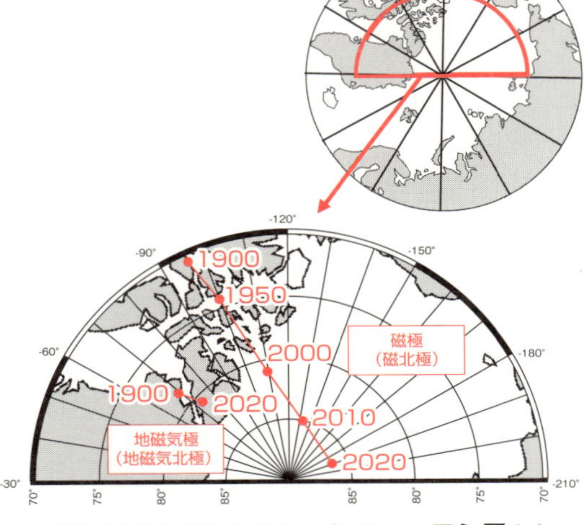

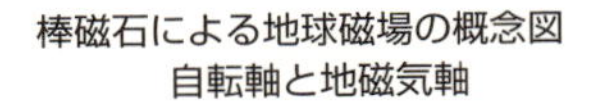

棒磁石による地球磁場の概念図
自転軸と地磁気軸

地磁気北極は数百年の間カナダにあり、ロシア方向に少しづつ移動しています。一方。磁北極は大きく移動しています。
（www.geomag.bgs.ac.uk/education/poles）

9 電荷と磁石との相互作用はあるのか？

エルスステッドの法則

19世紀初頭には、電荷を有する帯電体同士はお互いに力を及ぼし合い、磁荷を有する磁石同士もお互いに力を及ぼし合うことは1785年のクーロンの法則として知られていましたが、電荷と磁荷との間には相互に力は働かないと考えられていました。

1820年にデンマークのハンス・C・エルステッド（1777～1851）は磁針の近くで電流が流れると磁針が動くことを発見します。静止した電荷には磁石からの力は作用しませんが、電荷の流れ（電流）は磁石と相互作用することが明らかとなったのです。

電流と磁場との相互作用と電流同士の力に関する研究は、エルステッドの法則の発見から、フランスのアンペール、そして、イギリスのファラデーにより詳細な解析や新たな発見がなされてきました。磁場中の電流に加わる力の方向は、後年、フレミングの法則として知られることになります。

一様な磁場中での電流を有する導線にかかる電磁力の大きさF［N］は、磁場の磁束密度B［T］と電流の大きさI［A］の積に比例し、磁場中の導体の長さL［m］に比例します（下図）。左手の人差し指の向きを磁場Bの向き、中指を電流Iの向きとすると、力Fの向きは親指の方向です。

これは「フレミングの左手の法則」とよばれています。親指から「F・B・I」、あるいは、中指から「電・磁・力」と暗記し、Fの向きを求めることができます。

この磁気力は、ゴムバンドに相当する磁力線の合成で理解することもできます。一様磁場の磁力線と電流による同心円状の磁力線との合成で下方の磁力線の密度が高くなり、その下方での磁気圧が上方よりも大きくなり、導線を上方に押されると考えることもできます。

要点BOX
- ●電流と磁場との相互作用はエルステッドが発見
- ●磁場中での電流に働く力の方向はフレミングの左手の法則を利用

エルステッドの実験

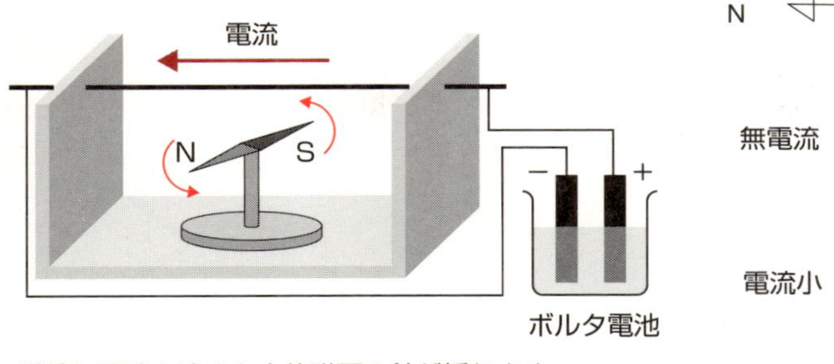

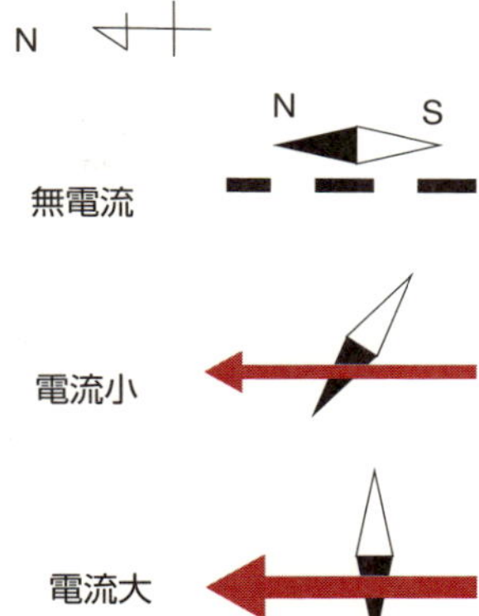

導線に電流を流すと方位磁石の針が揺れます。

フレミングの左手の法則

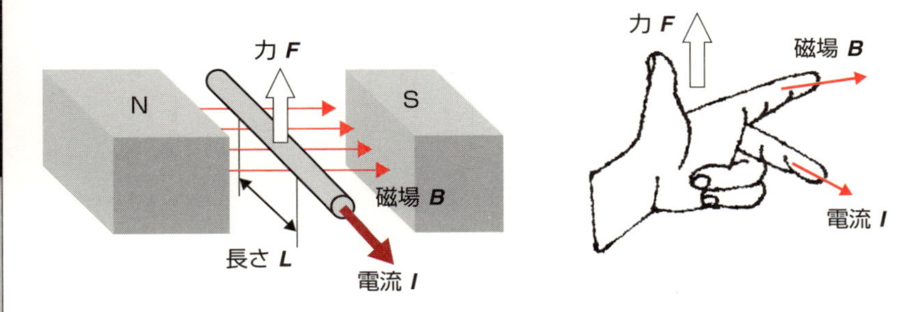

力の大きさ $F[\mathrm{N}] = I[\mathrm{A}]B[\mathrm{T}]L[\mathrm{m}]$

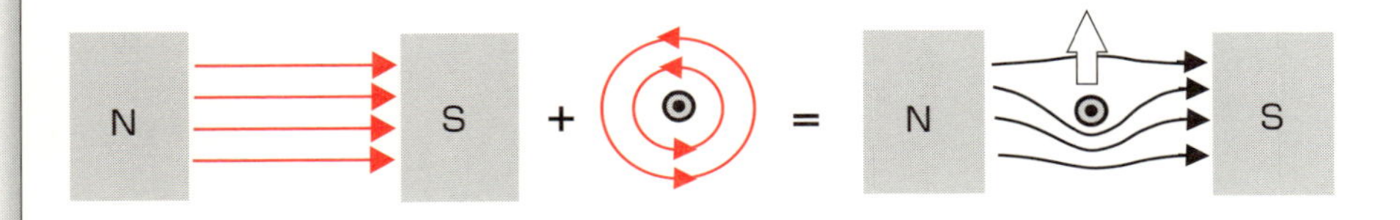

合成された磁力線の構造からも力の方向は理解できます。
ゴムバンドとしての磁力線が電流胴体を上方に押し出します。

10 電流が磁場をつくる？

アンペールの法則

磁石の近くに電荷を置いても力は働きませんが、電荷を流す（電流）と磁場が生じ磁石との相互作用が起こります。電流の方向を右ネジの進む方向とすると、右ネジの回る向きに磁場が生じます。これを「右ねじの法則」と呼びます。電流のまわりの磁場の強さは、電流からの距離が大きくなるほど弱くなります。

一般的に、電流を囲む経路で接線方向の磁場の強さを加えていくと経路の面を通貫する電流値の合計に比例します。これを「アンペールの法則」といい、電流と磁場に関する重要な法則です。特に無限長の直線コイルの場合には、磁場の強さ（磁界強度Hまたは磁束密度B）は電流からの半径の距離rの場所では一定であり、電流Iに比例し距離rに反比例します（左頁上図）。ここで、電荷（単位はクーロン、記号はC）から電気力線が出ている「電束密度D（単位はC／m²）」が定義できるように（6参照）、磁荷（単位はウェーバー、記号はWb）からの磁力線の密度として「磁束密度B（単位はWb／m²）」が定義でき、この単位はテスラ（記号はT）と書くこともできます。

電荷に関して電界強度E［N／C］を定義したように、磁荷m［Wb］を置いたときにかかる力F［N］から「磁界強度H（単位はN／Wb）」を$F=mH$として定義することができます。磁束密度Bと磁界強度Hの関係は、物質の比透磁率μ_rを用いて$B=\mu_0\mu_r H$です。ここで、$\mu_0=4\pi\times10^{-7}$［T･m/A］は真空の透磁率であり、A（アンペア）を定義する時の人為的定数です。

典型的な磁場として、無限の直線電流I［A］の半径r［m］の場所での回りの磁場の強さH［A／m］は$I/(2\pi r)$であり、磁束密度B［T］は$2\times10^{-7}I/r$で計算できます。半径a［m］で電流I［A］のリング状の電流による磁場は双極磁場と呼ばれ、中心の磁界強度はH［A/m］$=I/(2a)$です。また、1mあたりの巻き数をn［1／m］としてソレノイドコイル（管状巻線）による内部磁場は一様でありH[A/m]$=nI$です。

要点BOX

- 電流による磁場の向きは右ねじの法則
- 磁場強度Hと磁束密度Bは$B=\mu_0\mu_r H$
- 無限直線電流による磁場は半径に反比例

直線電流の作る磁場

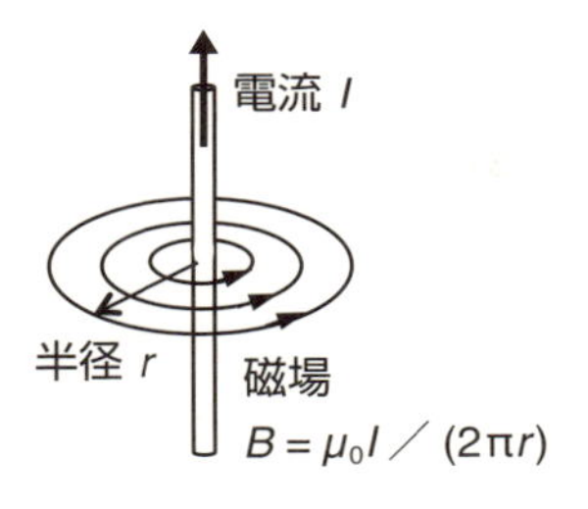

磁場は右ねじの方向に生成される
半径 r での磁界強度 H と磁束密度 B は

$$H\ [\mathrm{A/m}] = \frac{1}{2\pi}\frac{I}{r} = 0.159\frac{I[\mathrm{A}]}{r[\mathrm{m}]}$$

$$B\ [\mathrm{T}] = \frac{\mu_0}{2\pi}\frac{I}{r} = 2\times 10^{-7}\frac{I[\mathrm{A}]}{r[\mathrm{m}]}$$

磁場の右手の法則

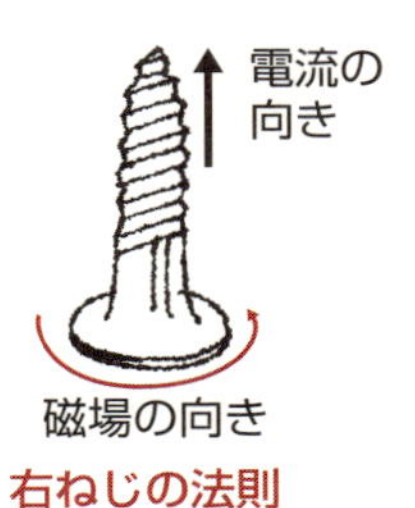

右ねじの法則

リングおよびソレノイド電流の作る磁場

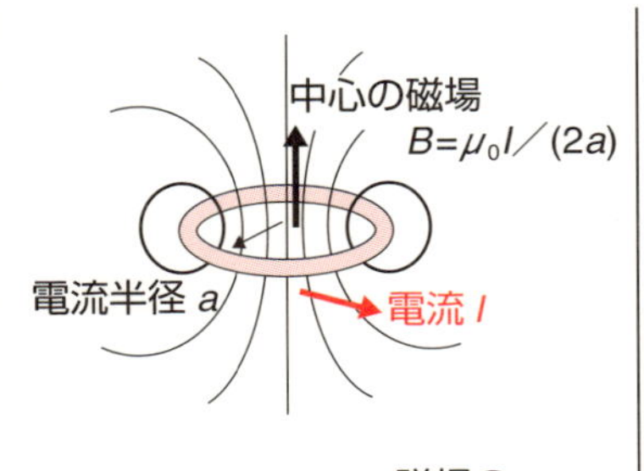

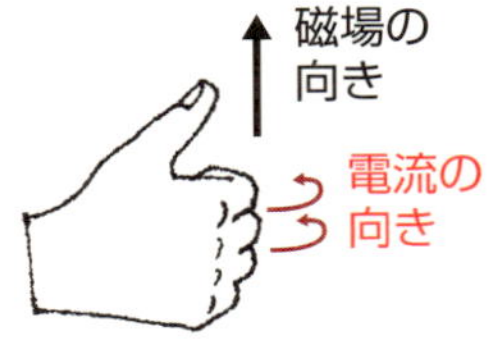

リング中心の磁場
$H=I／(2a)$ ［A/m］
$B=\mu_0 I／(2a)$ ［T］

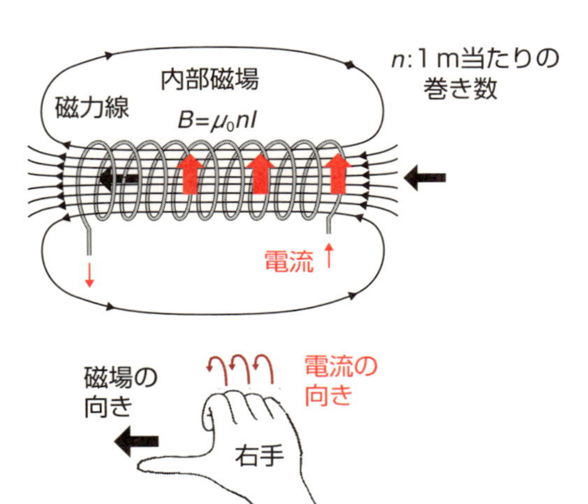

ソレノイド内部の磁場
$H=nI$ ［A/m］
$B=\mu_0 nI$ ［T］

11 電場と磁場から電荷にかかる力は？

ローレンツ力

地上で物が落ちるのは、地球が物を引くからであり、ニュートンの万有引力により、地球の質量の周りには「重力場」があります。同様に、電荷の周りには「電場」があり、磁荷の周りには「磁場」ができていると考えることができます。

電荷q［C］を持つ荷電粒子は電場の中では電荷量qに比例した力F［N］を受けます、比例係数は電場の強さE[V／m]として定義されており、$F=qE$です。

磁場中では荷電粒子が動いている場合に力を受けます。磁場B［T］の中で、磁場に対して垂直な速度v[m／s]で運動している電荷q［C］をもつ荷電粒子の場合、粒子にはたらく力F［N］は$F=qvB$で与えられます。速度vと磁場Bとのなす角をθとすると、正弦関数$\sin\theta$を用いて$F=qvB\sin\theta$と書けます。

この磁場中の電荷にかかる力の方向は、磁場B中の電流I（正電荷の速度の方向）に加わる力Fに関する「フレミングの左手の法則」に対応しています。以上の電場と磁場の力を合わせて、荷電粒子に加わる電磁力は、$F=q(E+qvB\sin\theta)$となり、「ローレンツ力」と呼ばれています。

一様な磁場中で、荷電粒子の速度が磁場に平行方向はゼロで垂直方向のみであるとすると、粒子は円運動を行います。遠心力とローレンツ力が釣り合うことで、旋回半径（ラーマ半径、または、サイクロトン半径と呼ぶ）はイオンでは大きく、電子では小さくなり回転方向は逆になります。磁場方向にも速度を持っている場合には、らせん状に運動することになります。これは、磁場により荷電粒子の閉じ込めが可能であることに相当します（下図）。未来エネルギーの核融合では、プラズマ（イオンと電子の電離気体）の閉じ込めに強い磁場を用います。曲がった磁場線の中での荷電粒子の運動では、磁場から横滑り（ドリフト）する荷電粒子の運動もありますので、様々な磁場構造が考案されてきています。

要点BOX
- ●電磁場中の荷電粒子にかかるローレンツ力
- ●磁場中の回転半径は、電子は小さく、イオンは大きい

磁場中の荷電粒子にかかる力

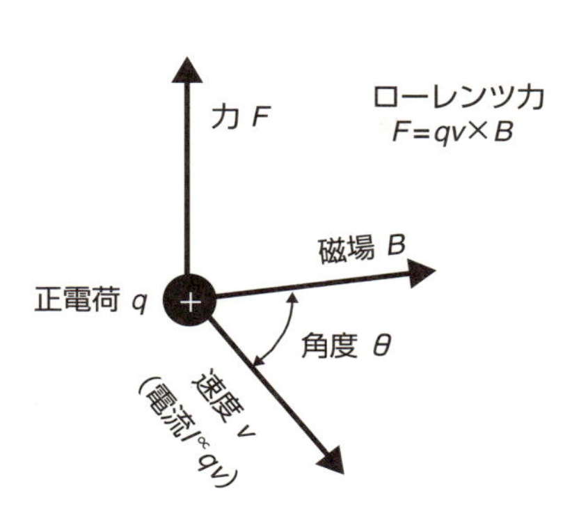

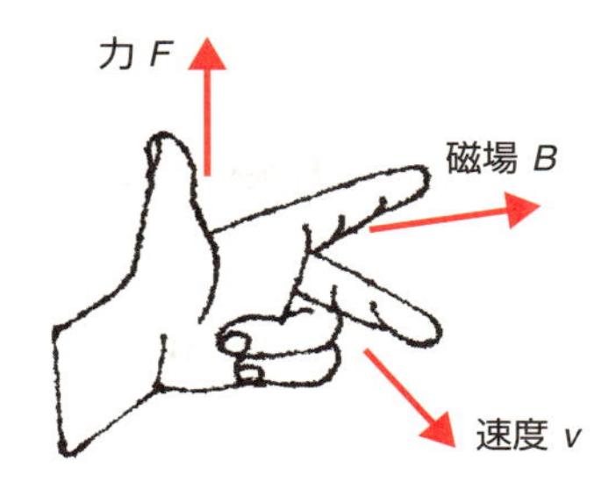

正の電荷にかかる力は上図
負の電荷にかかる力は上図と逆方向

磁場中のイオンと電子の運動

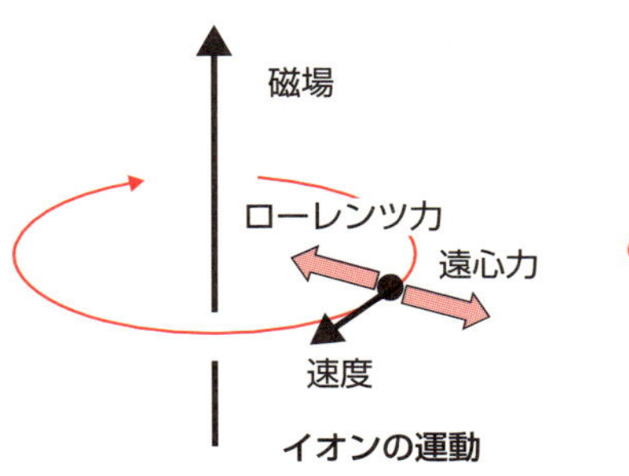

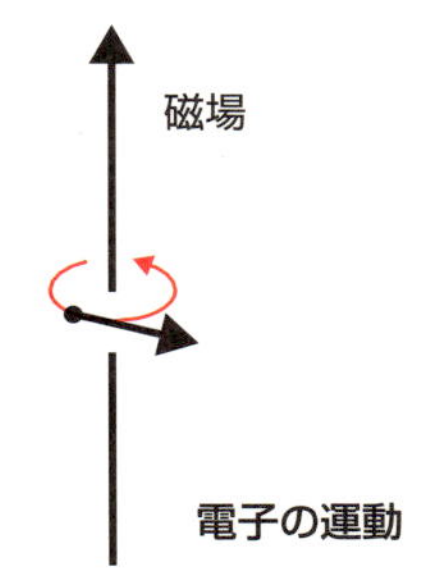

遠心力 $\frac{mv^2}{r} = qvB$ ローレンツ力

ラーマ半径　$r = \frac{mv}{qB}$

速度vが一定の場合には
ラーマ半径は質量mに比例し、
磁場Bに反比例します

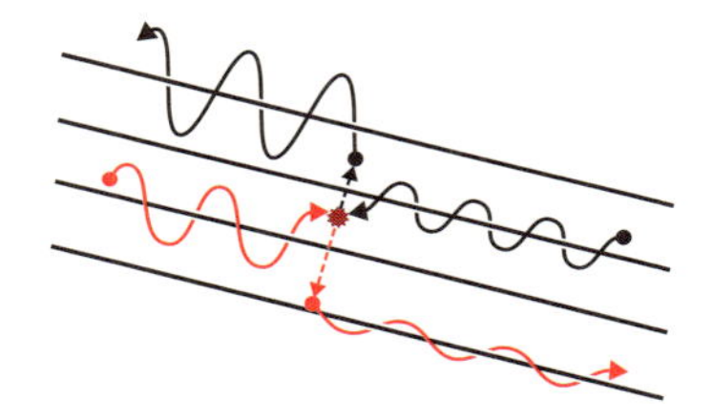

●プラズマ（電離気体）の閉じ込め

磁場中の荷電粒子は、
お互いに衝突しても磁場の
垂直方向には逃げていきません

12 磁性体の内部構造は？

原子スピンの向きと強磁性体、反磁性体

物質は電荷を持った原子核と電子から構成されていますが、これら荷電粒子はスピン（自転）しており、その軸のまわりを流れる電流と同じ効果を持ちます。これはコイルに電流が流れる現象と同じであり、等価的に棒磁石のような性質を持つことになります。

磁場がない場合には物質を構成する原子のスピンはばらばらですが、外部から磁場を加えると、一部の原子のスピンの方向がそろい、物質の磁化により物質の内部の磁束密度が（1＋χ）倍に変化したとします。このχは「磁化率」と呼ばれ、ギリシャ文字のカイ（χ）が用いられ、磁化のしやすさを表しています。真空はχ＝0ですが、物質の磁化率χが正で1より小さい場合が「常磁性体」であり、負で絶対値が1より小さい場合が「反磁性体」です。χが1より非常に大きい場合は、ほとんどの原子のスピンの方向がそろい、物質内部の磁束密度が大きくなる「強磁性体」であり、外部磁場が無くても磁化が残っており、鉄、コバルト、ニッケルなどの物質が相当します。

最初に磁化していない強磁性体があったとします。これに磁場を加え増加させていくと磁化が大きくなり、やがて飽和します。横軸に磁界強度、縦軸に磁化を描いた曲線が「磁化曲線」です。飽和の状態から磁場を減少させていくと磁化曲線はもとの道筋をたどらず、磁化が残ります。これを「磁気ヒシテリシス（磁気履歴）」と呼びます。

原子の磁気モーメントがすべて平行に並んでいる小さな領域の集合は「磁区」と呼ばれ、その区切りを「磁壁」と呼びます。磁壁が移動することで磁化が強くなることは顕微鏡でも確認されています。初期の磁化過程では複数の磁区が押し合いながら移動するので、微視的には磁化曲線はギザギザとしたものになります。その時に電磁的な雑音が発生します。これは「バルクハウゼン効果」として知られています。

要点BOX

- 原子のスピンの向きで、常磁性、反磁性、強磁性が定まる
- 磁化は磁区の磁壁の移動現象

原子のスピン

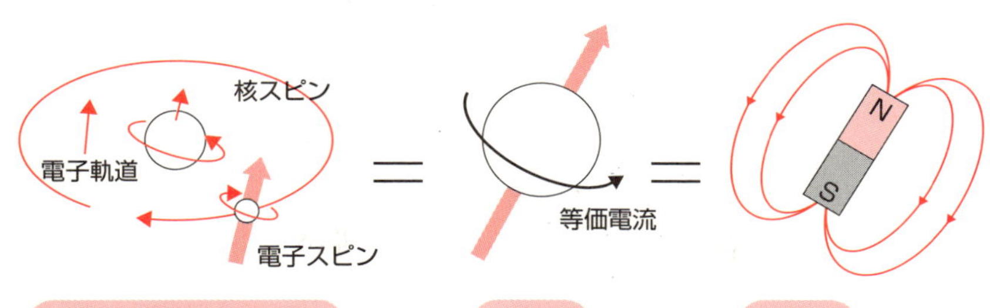

原子内部の種々のスピン　原子核　棒磁石

電子や原子核は電荷をもっており、それぞれ固有の角速度で回転（スピン）しています。磁気モーメントへの最も大きな寄与は、電子自身のスピンです。

原子のスピンはコイルに電流が流れる現象と同じであり、棒磁石と同じような性質を持っています。

物質の磁化の性質

●常磁性、反磁性、強磁性の比較

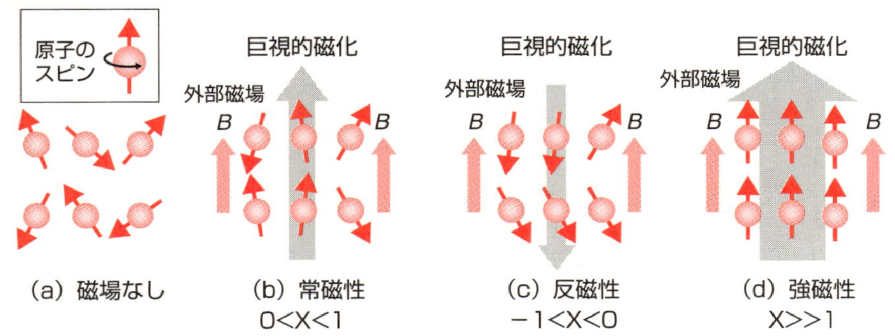

(a) 磁場なし　(b) 常磁性 0<X<1　(c) 反磁性 −1<X<0　(d) 強磁性 X>>1

●磁気ヒステリシスと磁区の変化

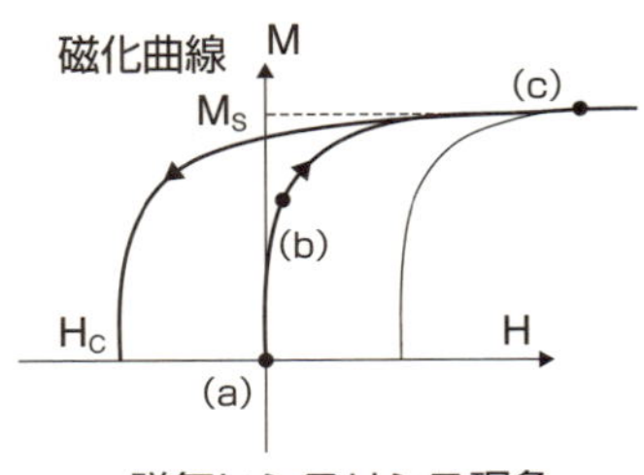

磁気ヒシテリシス現象

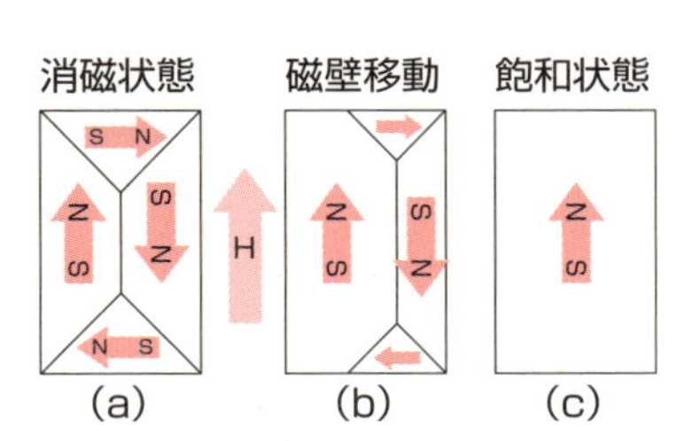

磁区と磁壁の移動のイメージ図
磁化曲線の（a）（b）（c）に対応しています。

Column

電気と磁気の単位は複雑!?（MKSA単位系）

　自然科学の基本要素は時間と空間（時空）、そして質量です。基本単位は長さのメートル（m）、時間の秒（s）、そして質量のキログラム（kg）です。力学現象は、この3つの単位を用いて記述できます。電気現象の記述には、さらに電流の単位としてのアンペア（A）を用います。電流は電荷の流れであり、磁場を発生させる源でもあります。以上の4個が基本単位であり、英語の頭文字をとって「MKSA単位系」と呼ばれています。これらの4つの量の組み合わせで新しい量や単位が定義できます。これを「組立単位」あるいは「誘導単位」と呼び、科学者の人名にちなんだ単位名が多く用いられています。

　電磁気学では様々な組立単位が定義され、しかもMKSA単位系の他に、cgs単位に基づく静電単位系、電磁単位系、両者を等価的に扱うガウス単位系などがあり、Oe（エルステッド$=10^3/(4\pi)$A/m、磁場強度）やG（ガウス$=10^{-4}$T、磁束密度）などの単位も使われきていますが、現在ではMKSA単位系が基本であり、電流の基本単位のアンペアです。

　電気に関しては、電流に時間をかけた電荷の単位クーロンがあり、その電荷からは同じ単位の電束が放射されており、その単位面積当たりの電束が電束密度です。そのような電場の中に電荷を置くと電気力が加わり、電気力を電荷で割った値が電界強度です。

　磁気に関しては、磁性体については、電荷と同様に磁荷の単位ウェーバーを定義でき、磁束密度テスラと磁界強度が定義されます。磁荷に関してはN極、S極を実体として単独で取り出せないことが、本質的に電荷と異なる性質です。

電気・磁気関連の単位　　赤字:基本単位と組立単位

	内容	記号	単位		読み方
基本量	電流（基本単位）	I	A	−	アンペア
	電荷,電束	Q_e, ϕ_e	C	A·s	クーロン
	磁荷,磁束	Q_m, ϕ_m	Wb	V·s	ウェーバー
場の量	電場強度（電界強度）	E	−	V/m	（ボルト毎メートル）
	磁場強度（磁界強度）	H	−	A/m	（アンペア毎メートル）
	電束密度	$D(=\varepsilon E)$	−	C/m^2	（クーロン毎平方メートル）
	磁束密度	$B(=\mu H)$	T	Wb/m^2	テスラ
回路の量	電圧	$V(=RI)$	V	W/A,J/C	ボルト
	抵抗	$R(=V/I)$	Ω	V/A	オーム
	キャパシタンス	$C(=Q_e/V)$	F	C/V	ファラッド
	インパクダンス	$L(=\phi_m/I)$	H	Wb/A	ヘンリー
定数	誘電率	ε	−	F/m	（ファラッド毎メートル）
	透磁率	μ	−	H/m	（ヘンリー毎メートル）

電磁波と情報通信のはなし
（電磁波工学と情報通信工学）

13 電界と磁界で波（電磁波）ができる？

電波、光、X線、ガンマ線

英国のジェームス・クラーク・マックスウェルは1864年に電磁気の振る舞いを4つの方程式にまとめ上げ、電場と磁場とがともに変動する波が存在することを予言しました。これは1888年にドイツのハインリヒ・ヘルツの実験により明らかにされました。ある空間に磁場が生まれ変動すれば電場が生成されます。平行電極を斜めに開くと、電場が生まれ変化すれば今度は磁場が生まれます。さらに、その磁場の変動により、また電場が生まれます。このように連鎖して伝わる波が電磁波です（上図）。

電磁波にはいろいろな種類があります。波は定位置で観測した時の山から谷を経て山になる単位時間あたりの回数としての振動数（周波数）と、定時刻での山から山への距離（波長）とで区分できます。周波数の単位は毎秒の振動数としてヘルツ（記号Hz）が用いられます。波の速さは周波数と波長との積で表され、真空中では常に一定の速さであり、光の速度（毎秒30万km）であることが予言されていました。

波の強度は波の山の高さ（振幅）に比例しますが、波のエネルギーは、波の振幅ではなく、波の周波数に比例します。周波数が高い程、あるいは、周波数の逆数に比例する波長が短い程、エネルギーが高くなり、電波、赤外線、可視光線、紫外線、X線、ガンマ線に分類できます（下図）。ここで、波長の単位として$1\text{nm}=10^{-9}\text{m}$、周波数の単位として1THz（テラヘルツ）$=10^{12}\text{Hz}=10^{12}\text{s}^{-1}$を用いています。

電波は、長波、中波、短波、超短波、マイクロ波のように波長の長い波から短い波（周波数の小さい波から大きい波）に順に並べられます。可視光線は400〜750nm（750〜400THz）で太陽光の主要部です。たとえば、緑色の光では波長はおよそ500nmであり、周波数は600THzです。これは、1つの波の幅がおよそ5ミリメートルの1万分の1であり、1秒間に6百兆回振動する波なのです。

- 電磁波はマックスウェルが予言、ヘルツが実証
- 電磁波のエネルギーは周波数に比例
- 可視光は1秒間におよそ5百兆回振動する波

電磁波の伝搬のイメージ図

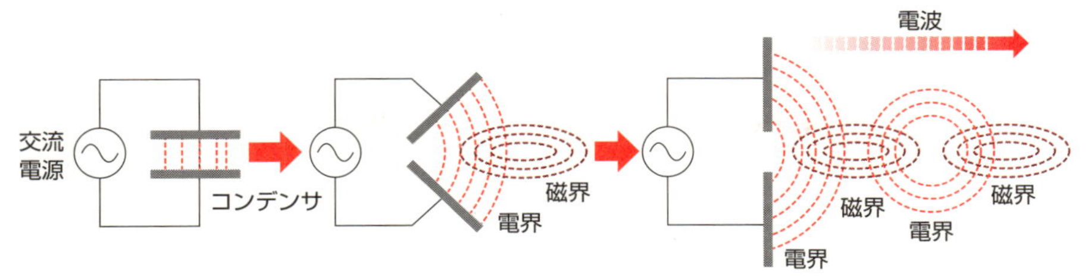

コンデンサに交流を加えると、
電極には交互に変化する電界が
生まれる

コンデンサの電極を開き、
高周波の交流を加えていくと、
電極は電波を飛ばすアンテナのように機能する

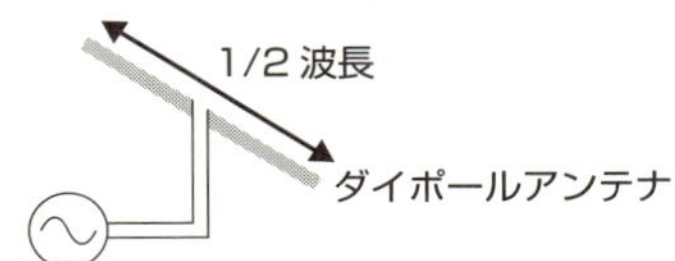

いろいろな電磁波

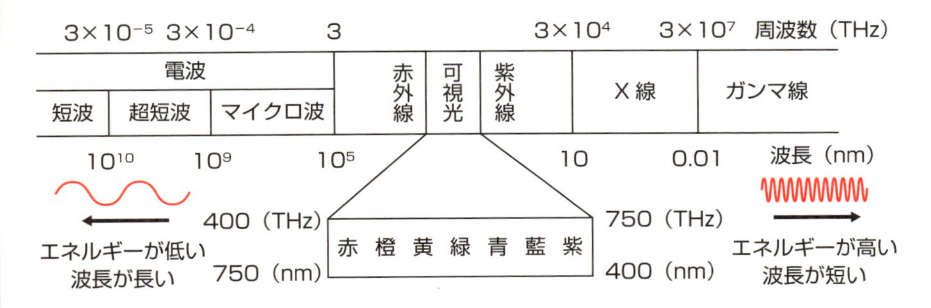

周波数 THz：テラヘルツ、10^{12} Hz
波長 nm：ナノメートル、10^{-9} m

電磁波のエネルギーは周波数（または波長の逆数）
に比例しており、電磁波を周波数で分類できます。

14 電波は宇宙交信にも使える？

衛星放送、GPS、SETI

「電波」とは光より周波数が低く3百万メガヘルツ以下（3テラヘルツ）で、波長が0・1ミリメートル以上の電磁波です。電波時計（長波）、短波放送（短波）、FM放送（超短波）、地デジ・携帯電話・GPS（極超短波）、衛星放送・ETC（センチメートル波）など、さまざまに用いられています（上図）。

カーナビなどではGPS（グローバル・ポジショニング・システム、全地球測位システム）が普及していますが、GPS使用者の緯度、経度、標高、時刻の4つの変数を正確に定めるためには、4つのGPS衛星が必要となります。GPSは正式にはNAVSTAR（ナブスター）と呼ばれており、アメリカが軍事用に開発したシステムです。1983年の大韓航空機撃墜事件以後、民間機の安全な航行のために民生的用途でも使えるよう開放されたものです。地球の周りの6つの軌道にそれぞれ4機のGPS衛星が、周期衛星（静止衛星もそのひとつ）の半分の周期で周回しています。すなわち、およそ2万キロメートルの高度を約12時間で一周する「準同期衛星」です。GPS衛星からの電波としては、L1電波（1575・42メガヘルツ）とL2電波（1227・60メガヘルツ）が使われています。

宇宙からはさまざまな信号が地球に飛来しますが、地球外知的生命体による信号を探査する「SETI（セティ、地球外知的生命体探査計画）」もあります。主にセンチメートル波やミリ波の「電波望遠鏡」による電波信号の解析により有意な信号の検出を試みています。特に、プエルトリコのアレシボ天文台により収集された宇宙から届く膨大な電波を世界中のボランティアのパソコンを分散型計算機としてネットワークで結合し解析が行われています。このプロジェクトにはSETI@homeから参加できます。空想科学と自然科学との接点のプロジェクトにも電波が重要な役割を果たしています。

要点BOX
- ●長波の電波時計から衛星放送まで
- ●GPS衛星は12時間で周回する準同期軌道
- ●地球外知的生命体探査計画SETIでも電波利用

周波数帯ごとの電波の利用

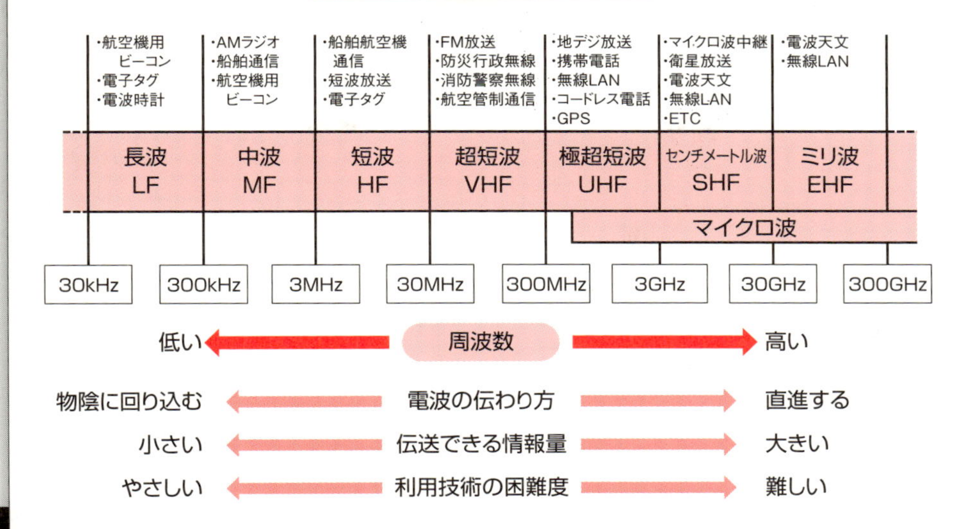

GPS（全地球測位システム）のしくみ

●GPSシステムの3つの構成要素

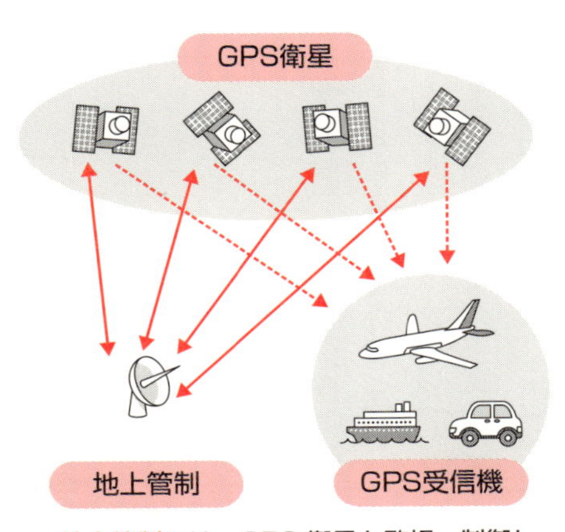

地上管制では、GPS衛星を監視・制御し、衛星の時刻や軌道が許容範囲を超えないように随時保守を行っています。

●GPS衛星の軌道

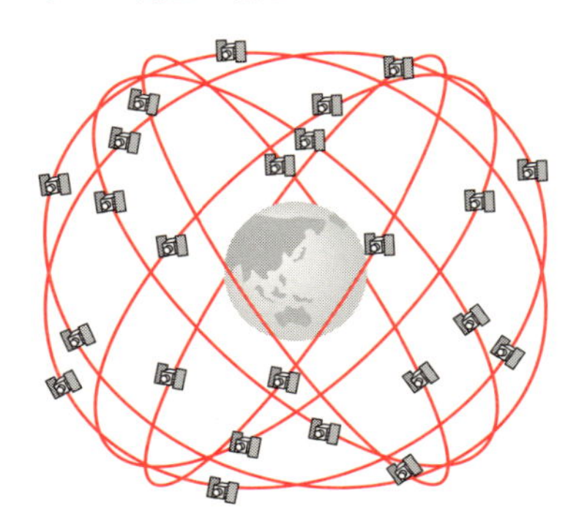

GPS衛星は、およそ2万キロメートルの高さの6つの軌道に各々4個の衛星の基本構成で運用されています。

GPS受信機は、GPS衛星からの電波を受信し、受信位置を計算します。

15 マイクロ波をつくる方法は？

マグネトロン、ジャイロトロン、ガン・ダイオード

「マイクロ波」は、波長が「マイクロメートル」（$1\mu m = 10^{-6}m$）ではなくて、「電波の中では小さい」という意味であり、100マイクロメートルから1メートルの波長です。周波数は300メガヘルツ（毎秒3×10^{8}回）から3テラヘルツ（毎秒3×10^{12}回）です。

電子レンジのマイクロ波の発生には、発振用真空管としての「マグネトロン（磁電管）」が用いられます。円筒形の陽極と中心軸にある陰極でできており、軸方向に磁場をかけます。中心軸の陰極から飛び出して円筒状の陽極に向かう電子には、加えられた磁界によってローレンツ力（11参照）がはたらき、陽極には届かず円筒内で振動しながらグルグルと周回します。陽極の分割された空洞に入った電子は効率的に振動し、出力アンテナからマイクロ波を発生されます。

マグネトロンが数ギガヘルツの発信周波数で数百ワットから数キロワットの出力であるのに対して、百ギガヘルツでメガワットの出力でマイクロ波をつくるには「ジャイロトロン」が用いられます。ジャイロトロンの名は磁場中の回転運動（ジャイロ運動）に由来します。電子銃に高い電圧をかけると強いパワーを持った電子ビームが生じます。この電子ビームは磁場に沿ってらせん運動をしながら空胴共振器に入り、高周波が発生されます。電子ビームはコレクターに吸収され、高周波は内部の鏡で反射させながら出力窓を通して外部に取り出されます。

半導体で高周波を発生させる方法もあります。N型のGaAs（ガリウム砒素）半導体に高電界をかけると、厚さが数十ミクロンでは数ギガヘルツの発振が起こります。これはアメリカのガン（J.B.Gunn）博士が発見したもので、半導体素子は「ガン・ダイオード」と呼ばれています。出力は小さく、主に通信用に利用されていますが、野球の球速測定用やスピード違反検問用マイクロ波レーダー等でも用いられています。

要点BOX
- ●マグネトロンでは数ギガヘルツの発信
- ●ジャイロトロンでは百ギガヘルツの高出力発信
- ●ガン・ダイオードによる発信は小出力

マイクロ波の生成法

●マグネトロンの構造と原理

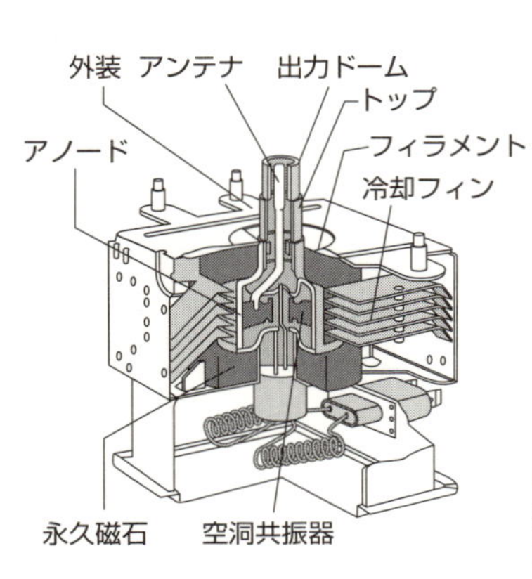

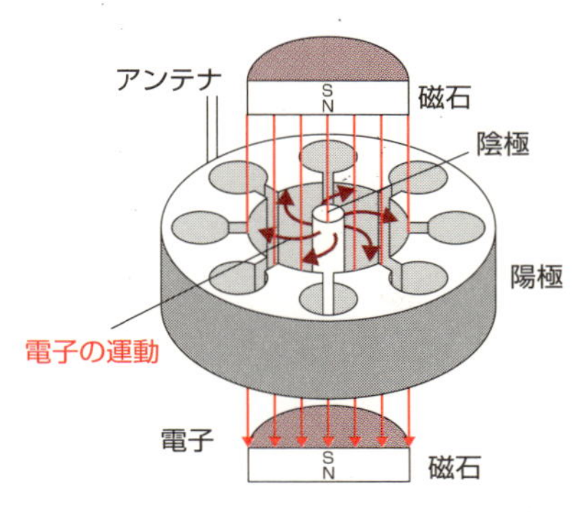

中心の陰極から放射された電子は磁力線のために進路が曲げられ、渦を巻いて陽極のくぼみに入り、一定の周波数で振動するようになります。それによりアンテナから電波が放出されます。

●ジャイロトロンの構造と原理

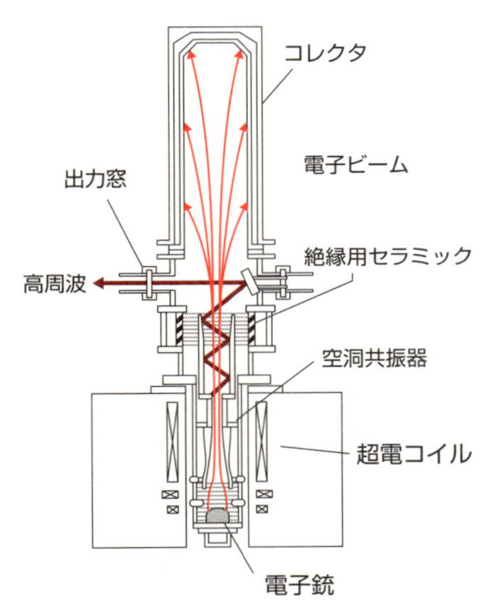

電子は磁力線に巻き付いて運動し、空洞共振器により電子の回転のエネルギーがマイクロ波に変換されます。

●ガンダイオードの構造と原理

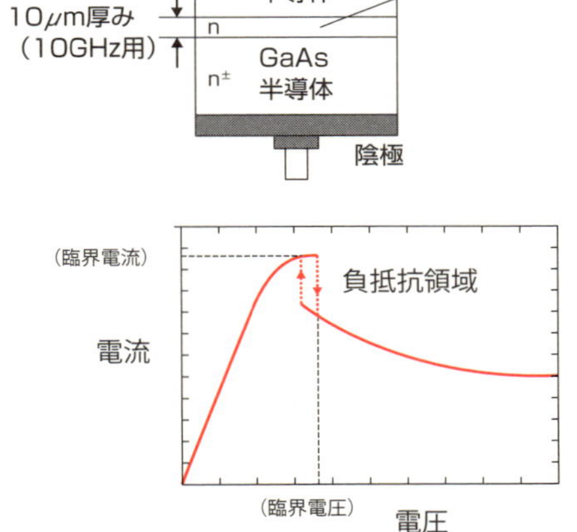

臨界電圧を超えた負抵抗領域で高周波の振動電流が流れ、マイクロ波を発生できます。

16 光は粒子か電磁波か？

粒子と電磁波の二重性

光は闇と対をなすものとして、神話や古代哲学での2元論で出てきます。古代から光の作用として、物の確認、光の反射、植物の生育、などが知られていました。紀元前4世紀には、ユークリッドにより幾何光学が調べられましたが、光が何でできているかの解明は現代になってからのことです。

光は、エネルギーの低い電波とエネルギーの高いX線・ガンマ線との中間に位置する電磁波であり(13)、同時に粒子でもあります。

歴史的には、イタリアのガリレオ・ガリレイ(1564～1642)は、光は微粒子であると考え、フランスのルネ・デカルト(1596～1650)は「エーテル」を伝わる渦であるとしました。その後、波動光学が発展し、アイザック・ニュートン(1643～1727 イギリス)によりプリズムによる光スペクトルの分解がなされ、干渉縞によるニュートンリングの発見がありました。

光が波であることを明確化したのは、英国のトーマス・ヤング(1773～1829)です。複スリットによる実験により波としての干渉縞を明らかにしています。一方、現代では光の粒子的な振る舞いとして、光電効果がドイツのアルベルト・アインシュタイン(1879～1955年)により解明されました。結局、光が波と粒子の二重の性質を持っている電磁波であることが明らかとなり、量子光学の分野が確立してきました。しかも、マイケルソン・モーリーの実験で速度一定で動く座標系(慣性系)では光の速度が一定であることが確認され、それを基礎として相対性理論が構築されました。電磁気学としてのマックスウェルの方程式からは、電磁波は真空中では常に光の速度で伝わることが示唆されていました。アインシュタインの特殊相対性理論の歴史的な論文の題名は「運動する物体の電気力学」であり、基礎としての電磁気学が重要な役割を果たしてきています。

●光は電磁波(光波)、かつ、粒子(光子)
●波の複スリット干渉と粒子の光電効果
●電磁波が真空中では常に光の速度で伝わる

光の波と粒子の二重性

●複スリットのヤングの干渉実験（波としての光 ＝ 光波）

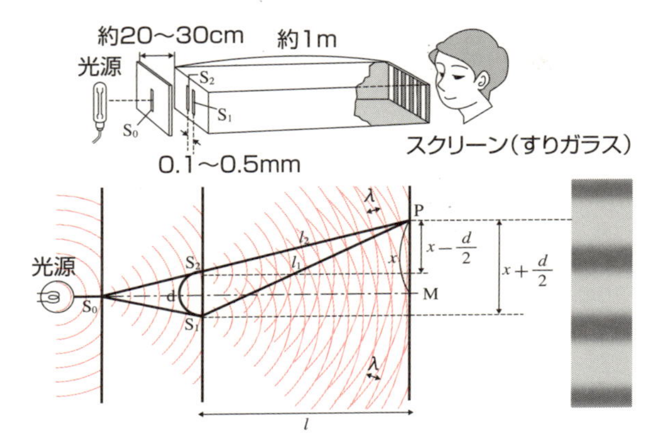

複スリットからの光（光波）の干渉縞が得られます

$l_1-l_2 \approx xd/l \approx m\lambda$（＝0,1,2…）

●光電効果のイメージ図（粒子としての光 ＝ 光子）

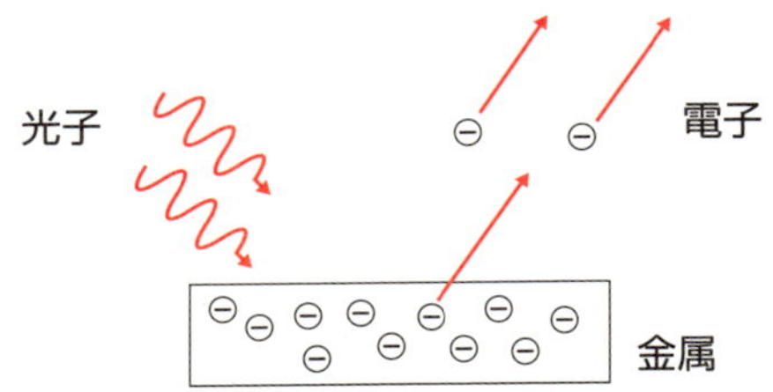

仕事関数以上のエネルギーの光（光子）で
金属表面から電子が放出されます

●波と粒子の2重性としての光のイメージ

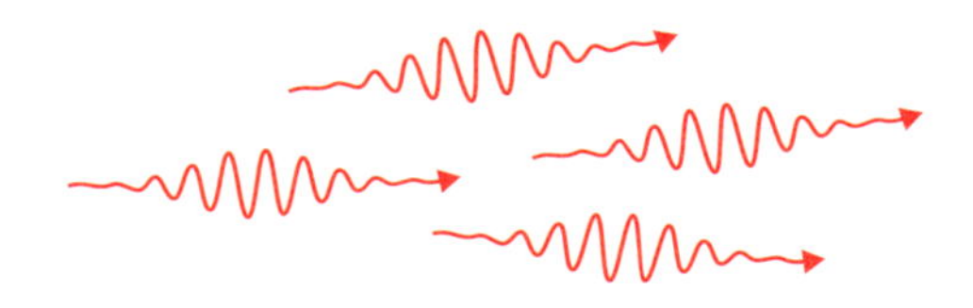

光は「波の粒」のイメージで考えることができます

17 ネットワークを光でつなぐ?

高速で大容量の電気通信を電線で行おうとすると、電線の太さ、重さが増え、配線の本数が多くなって、すぐに限界に達してしまいます。これは「光ファイバ(オプティカル・ファイバ)」の登場で解決されることになります。

物質中での光の屈折の法則(スネルの法則)は、1621年にオランダのヴィレブロルト・スネルにより発見されますが、その後、全反射の条件が明らかとなります。水に潜って斜め上を見ると反射して上が見えない現象です。光を効率よく伝送するために、この全反射の原理を用いて、ガラスファイバーの芯を違う種類のガラスで巻くという、中心のコア材と周辺のクラッド材による石英ガラスファイバが1958年にインド生まれの米国物理学者ナリンダー・カパニーによって考案され、現在の光ファイバの基礎が確立さました。また、1965には電気工学を学んだ米国物理学者チャールズ・カオがガラスの不純物低減による光の損失低減の研究などを行い、2009年にノーベル賞を受けています。

光ケーブルで通信を行うためには、入力部に発光ダイオードを、出力検出部にフォトダイオードを用います。光ファイバケーブルのコアは直径9ミクロン(0・009ミリメートル)であり、コアのエネルギー密度が非常に高くなると、光の波形に歪みがでたり、光ファイバ自体が熱破壊を起こしたりする恐れが指摘されており、1本のケーブルで伝送可能なデータは最大毎秒100テラビットと考えられています。

光ケーブル通信に対して、電波無線通信としては、1894年のイタリアのグリエルモ・マルコーニによる発明がありました。送受信の場所が固定しない「移動体通信」の場合にも良好であり、宇宙での交信も可能ですが、天候に左右され、電磁波ノイズに弱く、信号が不安定になる欠点があります。

要点BOX

- ●コア材とクラッド材でできた光ファイバ
- ●光ケーブル通信は、無線通信と比較して、信頼性のある高速で大量のデータ通信に最適

光ファイバ

光ケーブルの原理

●光ファイバの構造

光ファイバの中を光の全反射により光が伝わります

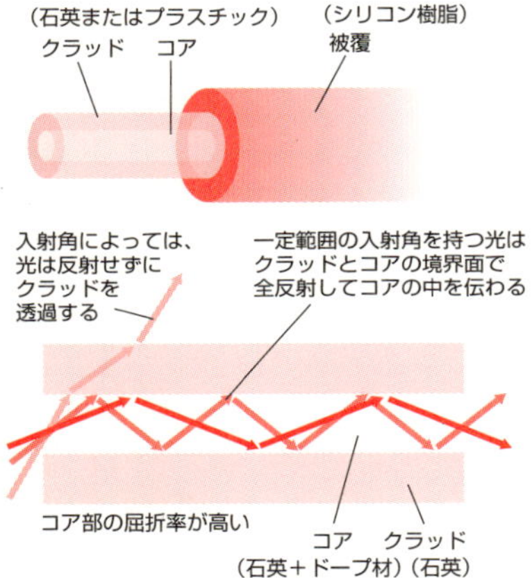

●ケーブル通信の基本システム

電気信号を光に変え、長距離の光伝送を行って、光を電気に変えます。

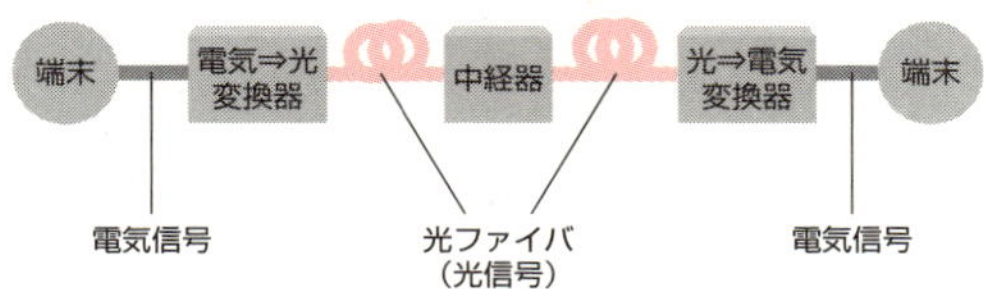

電気→光変化器（発光器）
　近赤外高輝度発光ダイオード

中継器
　減衰した光を増幅して、
　光を再送します
　１００ｋｍに１台は必要

光→電気変化器（受光器）
　高速フォトダイオード

無線通信と光ケーブル通信の比較

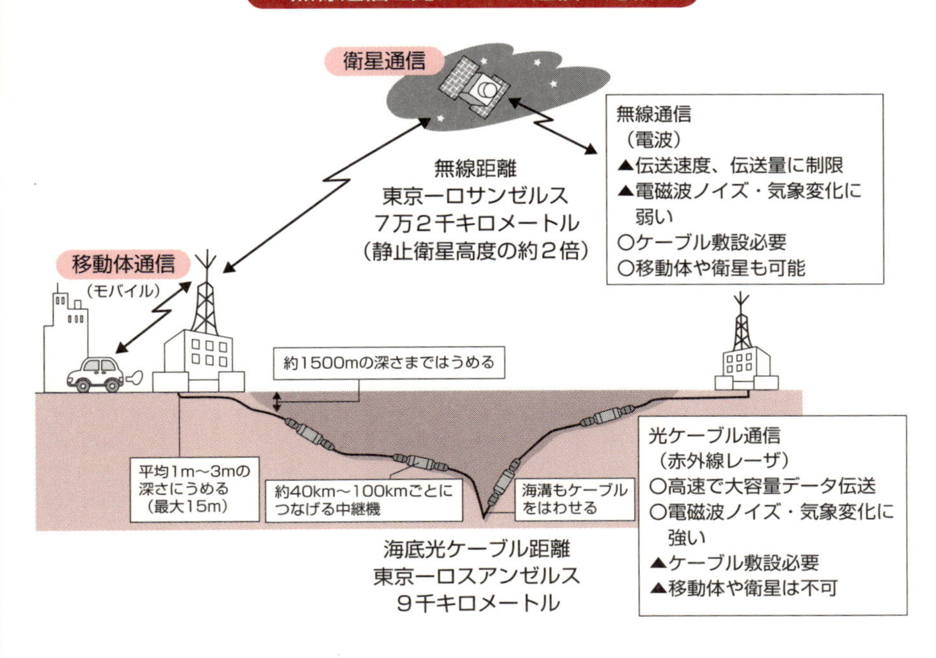

18 ＩｏＴ時代のＩＣＴとは？

モノのインターネット（ＩｏＴ）、情報通信技術（ＩＣＴ）

世の中の景気の変動には、様々な影響が考えられます。特におよそ50年周期での変動には、科学技術革新が影響すると考えられています。ロシアの経済学者コンドラチェフ（１８９２〜１９３８）が１９２５年に提唱した学説であり、「コンドラチェフの波」と呼ばれています。技術革新から市場への効果が表れるためには数十年の年月が必要となるからです。

第１波（１７８０年代〜）は、蒸気機関などの発明による産業革命、第２波（１８４０年代〜）は鉄道建設、第３波（１８９０年代〜）は電気、化学、自動車の発達、そして第４波（１９４０年代〜１９９０年代）では化学工業、自動車による変動と考えられます。この循環の要因として、大規模技術開発と戦争も考える必要があります。第５の波は主にＩＴ（情報技術）革命やロボティクスによる高度経済成長です。これまでのＩＴはＩＣＴ（Information and Communication Technology、情報通信技術）として計算機をネットワークでつなげるものでした。それを発展させて、身の回りの様々な物体（モノ）に通信機能を持たせ、インターネットに接続したり相互に通信したりことにより、自動認識や自動制御、遠隔計測などの利便性を高めることができます。これはＩｏＴ（Internet of Things、モノのインターネット）と呼ばれています。膨大で有用なデータを活用できる可能性を秘めています。

現代は「ＩｏＴ時代」に突入しています。ここでは、ネットワークにつながる機器の通信の脆弱性の有無に留意する必要があります。特に、医療機器では命に係わる重要課題です。不正なプログラムがインストールされてその物体やシステムが乗っ取られてしまう危険性や、通信の途中での情報が読み取られてプライバシーの侵害が起こる可能性も指摘されています。いわゆる「ＩｏＴクライシス」です。サイバー犯罪の取り締まりがより重要になってきています。

要点BOX

- IoTとは、身の回りの様々な物体（モノ）に通信機能を持たせ、インターネットに接続すること
- IoTクライシスに留意必要

コンドラチェフの波とIT革命

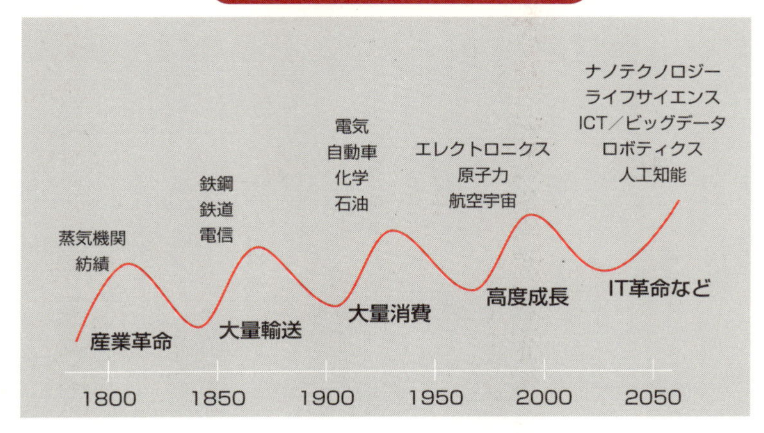

ロシアのコンドラチェフ（1892～1938）は、景気が50～60年程の周期があるという学説を、1920年代に提唱しました。技術革新が起こってから市場への効果があらわれるのに長い年月が必要となります。

IoT時代の通信

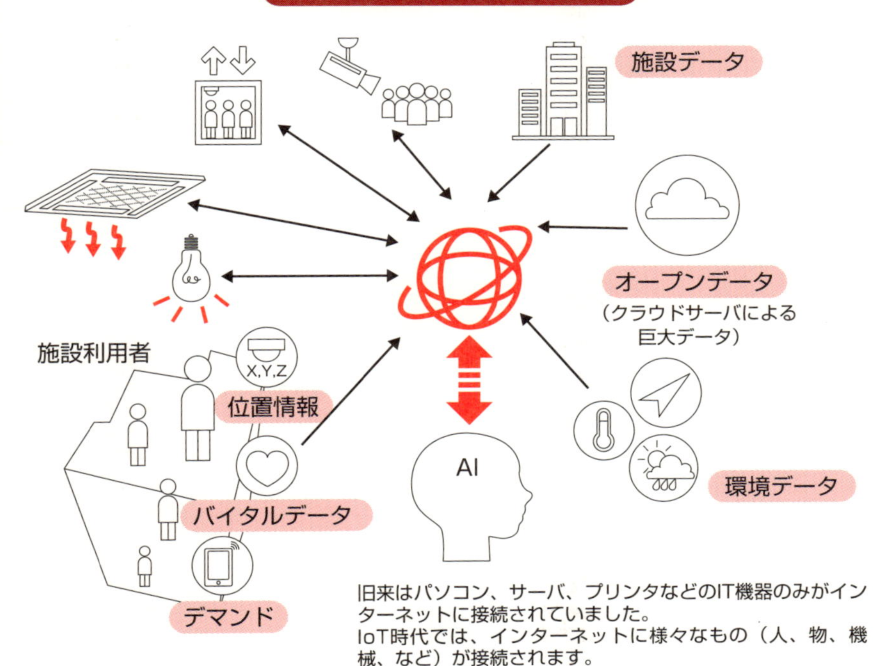

旧来はパソコン、サーバ、プリンタなどのIT機器のみがインターネットに接続されていました。
IoT時代では、インターネットに様々なもの（人、物、機械、など）が接続されます。

Column

電気の基本の法則は4つ？（マックスウェルの方程式）

　電磁現象解明の歴史として、電気に関するクーロンの法則（1785年）、磁気に関するガウスの法則（磁束保存の法則）、電流の磁気作用のエルステッドの法則とアンペールの法則（1820年）、そして，ファラデーの電磁誘導の法則（1831年）が提唱されました。それらは1864年に英国のジェームズ・C・マックスウェル（1831－1879）により4つの方程式として体系化されました。特に、マックスウェルによる重要な功績は、「変位電流」の概念の導入によりアンペールの法則を拡張したことと、「電磁波」の存在を予言したことです。電磁波発生の実証実験は、24年後の1888年にヘルツにより行われました。

　マックスウェルの方程式のイメージを図示しました。クーロンの法則の静電力の電場は電荷から電束Dが放射されているガウスの法則で表わされます。磁場については、実体としての磁荷が無いので、磁束は保存され、磁束密度Bの発散（湧き出しや吸い込み）は常に零となります。電流が流れたり電束密度が時間変化したりすれば、拡張されたアンペールの法則から、まわりに磁界強度Hの回転（渦の様な周回成分）が発生します。一方、磁束密度の時間変化が起これば、ファラデーの電磁誘導の法則から電界強度Eの回転ができます。この4つの方程式で電場と磁場の時間・空間的な変化が記述できます。その電磁場中での荷電粒子に加わる力は、電荷と電場強度Eとの積と、電荷、速度、磁束密度Bの3重積との和としてのローレンツ力で表されます。電磁場中の電荷のローレンツ力などから、電気回路のオームの法則も導出することができます。電解質中では磁場効果などの様々な効果を含めたやや複雑な一般化されたオームの法則が得られることになります。

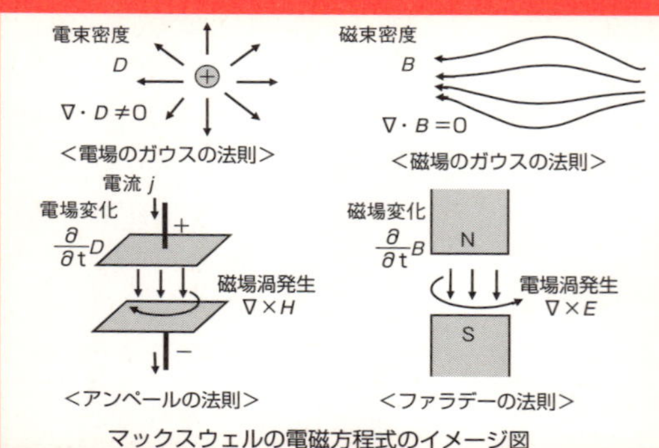

マックスウェルの電磁方程式のイメージ図

第4章

電気回路とエレクトロニクスのはなし（電気回路学と半導体工学）

19 電圧と電流は水圧と水流に似ている？

オームの法則

導体の両端に電圧*V*（ボルト）を加えると、電圧に比例する電流*I*（アンペア）が流れます。比例係数を*R*として*V*=*RI*と書くことができます。これは1826年にドイツのゲオルグ・オーム（1789〜1854年）により発見され、「オームの法則」と呼ばれています（上図）。実際には1781年に英国のヘンリー・キャベンディシュが発見して未発表のままでした。ここで比例係数*R*は電気抵抗と呼ばれ、単位はオーム（記号はΩ）が用いられます。ギリシャ文字のオメガΩが用いられるのは、人名の頭文字Oでは数字のゼロとの区別が難しいからです。抵抗器（抵抗）の記号としては、最近は波形記号ではなく、国際IEC規格の長方形記号が用いられています。

導体の中を流れる自由電子は、導体内部の原子としてのプラスイオンとぶつかり合って抵抗を受けます。自由電子に加わる電気力と抵抗力とがつりあって電子が流れ続けます。抵抗力は、空から降ってくる雨粒での空気抵抗と同じように速度に比例することから、オームの法則が得られます（中図）。

電圧と電流の関係は、高い所から管で水を流す場合の水圧と水流に似ています（下図）。高所の高さが2倍になると水圧（電圧）は2倍となり、管の細さ（抵抗）が同じであれば、水流（電流）も2倍になります。水圧と水流とは比例関係があります。管の断面積を2倍にすると、抵抗が半分になり、水流（電流）は2倍になります。低い所の水を高い所にくみ上げるポンプの水圧が、回路では電源の電圧に相当します。

水流との比較でわかるように、抵抗*R*［Ω］は導体の長さ*L*［m］に比例して導体の断面積*S*［m²］に反比例します。ここで、この比例定数*ρ*［Ω・m］は電気抵抗率（または抵抗率あるいは比抵抗）とよばれ、物質の種類と温度*T*［K］に依存します。基準温度T_0［K］からの変化として、近似的に$\rho=\rho_0(1+\alpha(T-T_0))$が成り立ちます。ここで*α*［1／K］は温度係数です。

要点BOX
- 電圧は電流に比例し、比例係数が電気抵抗（Ω）
- 抵抗は長さに比例し断面積に反比例で、比例係数は物質により定まる電気抵抗率（Ω·m）

オームの法則と抵抗

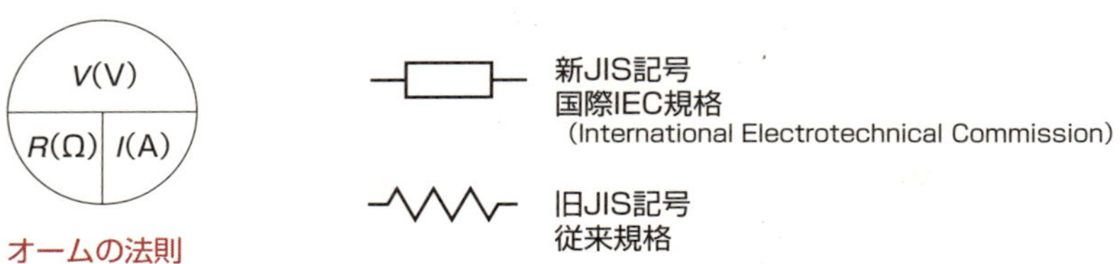

オームの法則

$V = RI,\ I = V/R$

抵抗の記号

金属導体中の電子に加わる電気力と抵抗力

(オームの法則のミクロ的解釈)

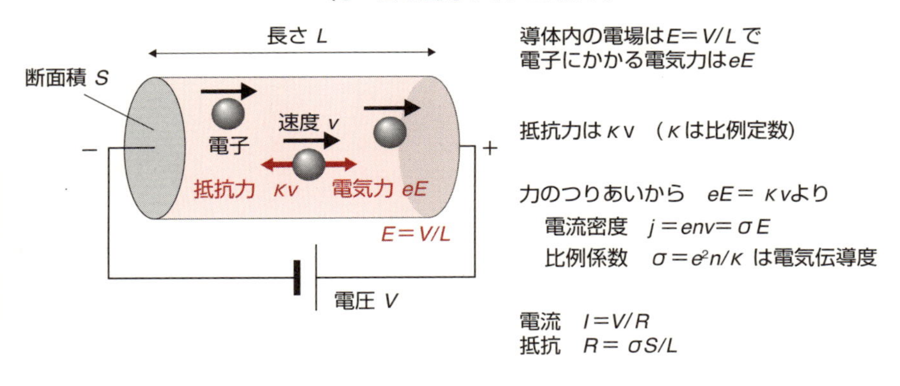

導体内の電場は$E = V/L$で
電子にかかる電気力はeE

抵抗力はκv (κは比例定数)

力のつりあいから　$eE = \kappa v$より
　電流密度　$j = env = \sigma E$
　比例係数　$\sigma = e^2 n/\kappa$ は電気伝導度

電流　$I = V/R$
抵抗　$R = \sigma S/L$

水流と電流の比較

●水流回路　●電気回路

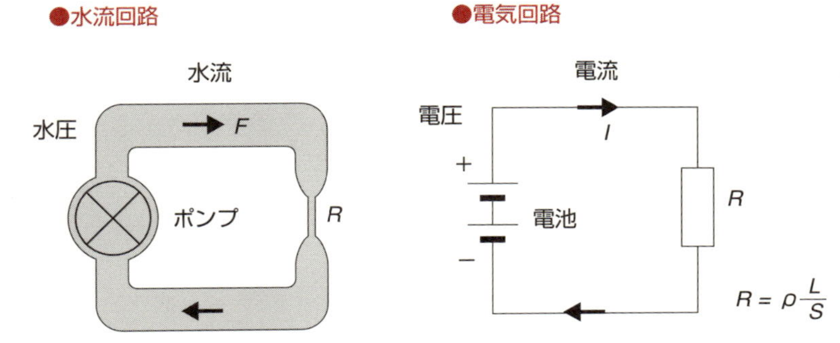

抵抗R[Ω]は導体の長さL[m]に比例して導体の断面積S[m²]に反比例し、その比例定数ρ[Ω·m]は電気抵抗率(または抵抗率あるいは比抵抗)とよばれ、物質の種類と温度に依存します。

20 直流と交流とはどちらがよいか？

エジソンとテスラの確執（電流戦争）

家庭用の電気は交流送電ですが、歴史的には、直流がよいか交流がよいかの論争「電流戦争」がありました。直流電力の有用性を提唱したトーマス・エジソン（米国、１８４７～１９３１）に対して、交流電力の優位性を主張したのがニコラ・テスラ（セルビア、１８５６～１９４３）とジョージ・ウェスティングハウス（米国、１８４６～１９１４）です。送電損失低減や電圧変換の容易性から交流に軍配があがりました。

電荷の移動（電流）には電池のように一定方向にのみに流れるのが「直流（Direct Current,DC）」であり、電荷の移動の方向が変化する流れが「交番電流」、略して「交流（Alternating Current,AC）」と呼ばれます。電流や電圧の時間的な変化の形状を波形といい、交流の理想的な波形（ひずみが無い波形）を「正弦波交流」といい、数式で取り扱う時の基本となるものです。

交流は時間とともに大きさ（振幅）が変化することからその大きさとして「２乗平均平方根（ＲＭＳ）」で定義される「実効値」を使用します。例えば、実効値１００Ｖの交流電圧の最大値は１４１Ｖです。

日本での送電の歴史は明治20年（１９８７年）の直流送電に遡りますが、その後、需要の増大に伴って、電力損失の少ない高圧の交流送電に切り替えられました。その折に、東京では日本の最初の電力会社である東京電燈がドイツＡＥＧ社の50ヘルツ発電機を、大阪では大阪電燈がアメリカＧＥ社の60ヘルツ発電機を採用しました。そのために、静岡県の富士川、新潟県の糸魚川から東が50ヘルツ、西が60ヘルツとなってしまいました。

交流送電にも欠点があります。長距離送電の場合に位相がずれてしまい電力の安定性の保持が難しくなることや、高い絶縁容量、不要な表皮効果などです。そのため、日本では、本州北海道間や本州四国間などでは高圧の直流送電が用いられています。

●交流は電圧の制御性が良好
●直流は電力の安定性が良好

直流と交流の違い

●直流回路

直流電源
（直流電圧）
直流電流
抵抗

●交流回路

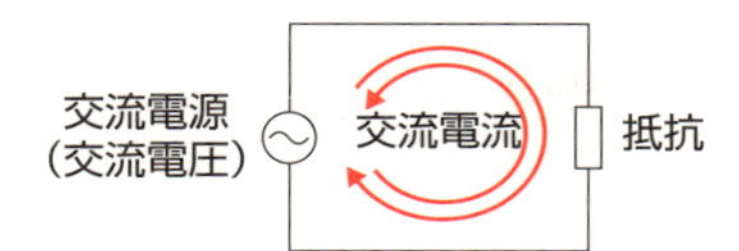

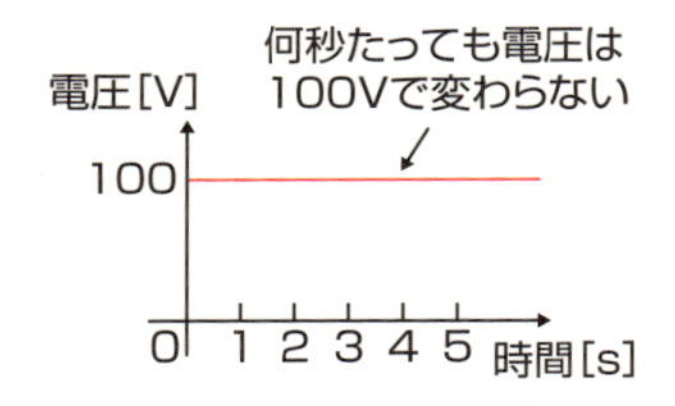

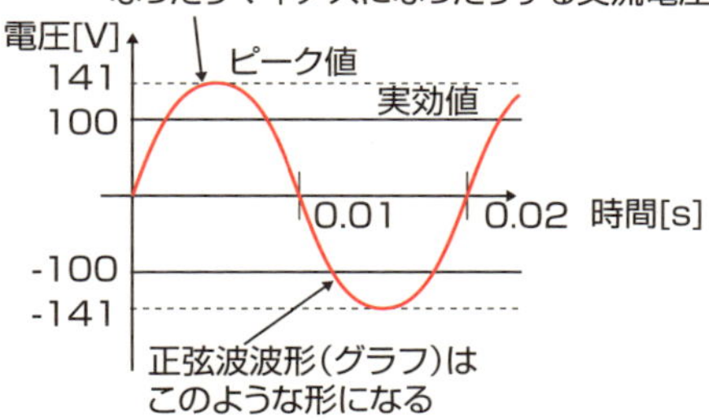

周期は
東日本（**50**Hz）で**0.02**秒（上図）
西日本（**60**Hz）で**0.0167**秒

交流の実効値はピーク値の$1/\sqrt{2}$

日本の電力系統（50ヘルツと60ヘルツ）

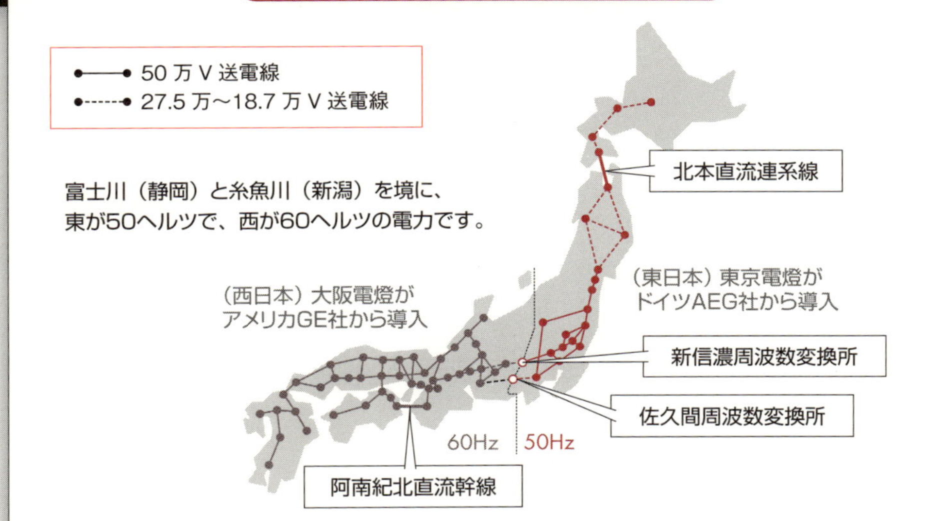

富士川（静岡）と糸魚川（新潟）を境に、
東が50ヘルツで、西が60ヘルツの電力です。

21 三相交流の利点は？

Y結線とΔ結線

100ボルトの家電製品では2本1組の導線を用いる単相交流が用いられますが、送電線や配電線のように大電力を送る場合は、3本の電線を使う「三相交流」が用いられています。

回転するNS極の磁石に1個のコイルを設置すると2本の引き出し線から「単相交流」が、180°の場所に置いた2個のコイルでは「二相交流」が得られ、互いに120°（2π／3ラジアン）の場所に置いた3組のコイルでは「三相交流」が得られます。大きさが等しく位相が120度ずつ異なる三相交流は「対称三相交流」とも呼ばれています。

三相交流の波形と回転する磁石の向きを左頁上図に示します。磁石を止めて3組のコイルを逆方向に回しても波形は同じです。3つの「相電圧」の時間変化は正弦波となりますが、3つのコイル電圧のベクトルの矢がグルグルと回る時、それを横から見た高さの変化に相当します。

単相の交流を別々に3倍送るには単純に6本の導線が必要となりますが、三相交流では結線の仕方で3本の線で伝送させることができます。「スター（Y）結線」では、中央の共通線に流れる電流は対称三相交流の3電流の合成電流になり、常にゼロになるので、電源と負荷の中心を結ぶ線は不要となります。

線間電圧は2つのベクトルの差で表わされ、Y結線の線間電圧は相電圧の3倍になり、位相は相電圧に比べて30°の差ができます。線電流は相電流と同じです。「デルタ（Δ）結線」では相電圧と線間電圧とは等しくなりますが、線電流は相電流の3倍になります。

三相交流による送電は、単相交流に比べて、電線一本あたりの送電電力が大きく、同じ送電電力なら ば、電線の質量を低減できること、三相交流から単相交流を取り出すことができること、また、三相交流からは回転磁界を容易に得られ、交流電動機の駆動に適していることが利点です。

要点BOX
- 3相交流では3本の線で単相電力の3倍送れる
- スター結線では線間電圧は相電圧の3倍
- デルタ結線では相電圧と線間電圧は同じ

3相交流と回転磁界

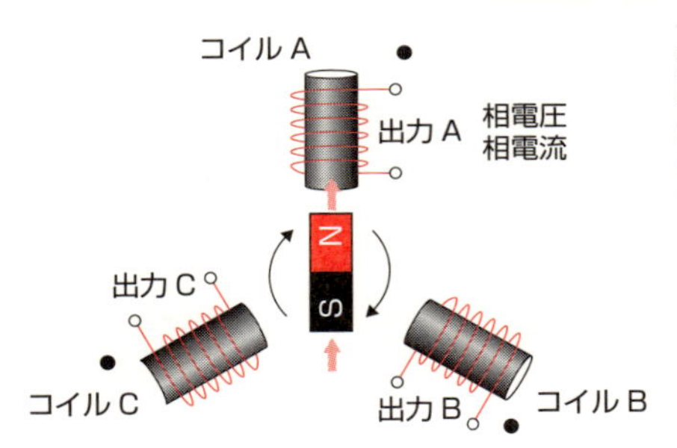

回転している磁石に図のようにコイルAを置くと、出力A（相電圧と相電流）の単相交流がえられます。120度間隔に置いたコイルA,B,Cで3相交流が得られますが、6本の電線を3本にします。

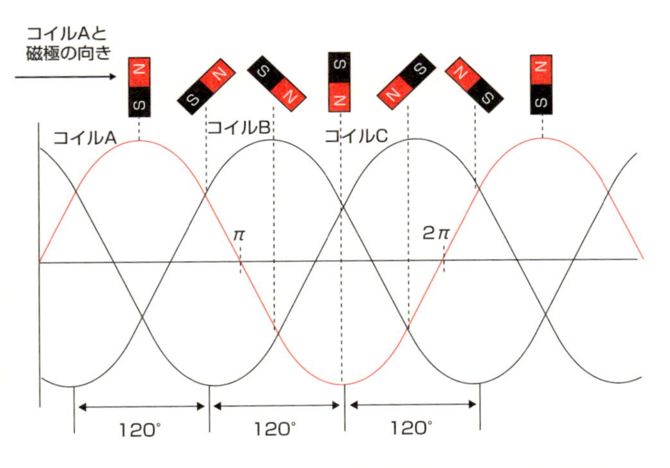

出力A,B,Cの相電圧の時間変化です。3つの出力の総和は常にゼロになります。磁石を止めて3組のコイルを逆に回した場合の相電圧も同じです。

スター結線とデルタ結線

相電流の向き（⊙，⊗）は、最上図の磁石の位置の場合に相当します。●は端子位置。

●スター結線
（Y結線、星形結線）

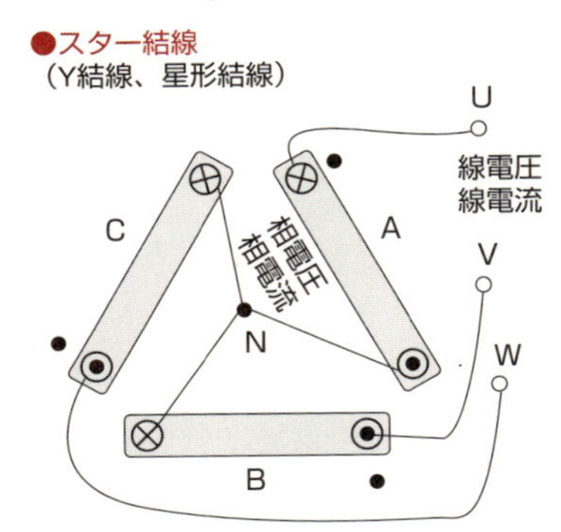

線間電圧は相電圧の$\sqrt{3}$倍
線電流と相電流は同じ

●デルタ結線
（△結線、三角結線）

U
線電圧
線電流
C
A
相電圧
相電流
V
W
B

線間電圧と相電圧は同じ
線電流は相電流の$\sqrt{3}$倍

22 磁場の変化が電圧を生む？

ファラデーの電磁誘導の法則

電気モータ（電動機）はいろいろな場所で用いられていますが、世界で初めてモータを作ったのは英国のマイケル・ファラデー（1791～1867）であり、1821年に「電磁回転」と名づけた動きを生じる2つの装置を作り上げました（上図）。1つは水銀を入れた容器の中央に磁石を立て、上から水銀に浸るように針金をたらし、その針金と水銀を通るように電流を流すと、電流によって生じた磁場が磁石の磁場と反発して針金が磁石の周囲を回転し続けるというものです。もう1つは「単極電動機」と呼ばれるもので、逆に磁石側が針金の周りを回るようになっていました。

この実験後の1931年に、「電磁誘導の法則」を発見します。「誘導起電力の大きさは、コイルを貫く磁束の単位時間当たりの変化に比例する」という法則です。誘導起電力は、磁場B（単位はT、あるいは、Wb／m²）、円形の面積S［m²］とコイルの巻き数Nとに比例します。1個のコイルを貫く磁束線の数、すなわち「磁束」Φ_B［Wb］は$\Phi_B=BS$であり、コイル全体を貫く磁束Φは$\Phi=N\Phi_B=NBS$となり、コイルでの誘導起電力はΦの時間変化率に比例することになります。ここで、磁束Φの単位は磁気量と同じウェーバー（記号Wb）であり、電圧と時間の積としてのボルト秒（記号V・s）と書くこともできます。

閉じたコイルに磁石を近づけたり遠ざけたりすると、コイルに起電力が発生して電流が流れます。誘導される電流の方向は、ハイリッヒ・レンツ（エストニア、1804～1865）により1833年に「レンツの法則」としてまとめられています。これは「コイルや導体板に流れる誘導電流の方向は、誘導電流がつくる磁束が、もとの磁束の増減を妨げる向きに発生する」という法則です。

これは「フレミングの右手の法則」からも理解することができます。

要点BOX

- ●ファラデーの電磁誘導の法則では、「誘導起電力は磁束の時間変化に比例」
- ●誘導電流の向きは磁束の増減を妨げる方向

ファラデーの実験（1821年頃）

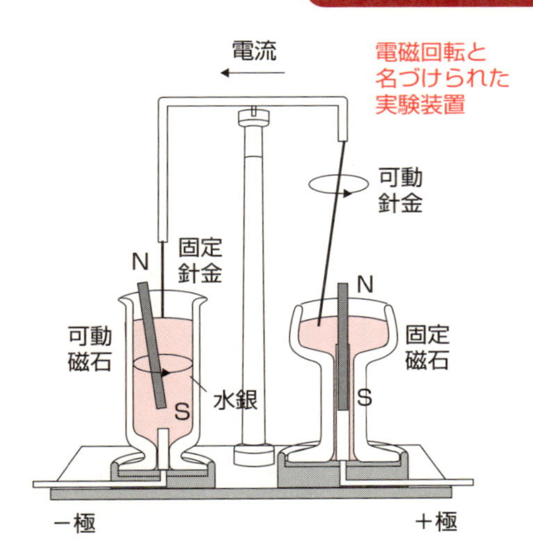

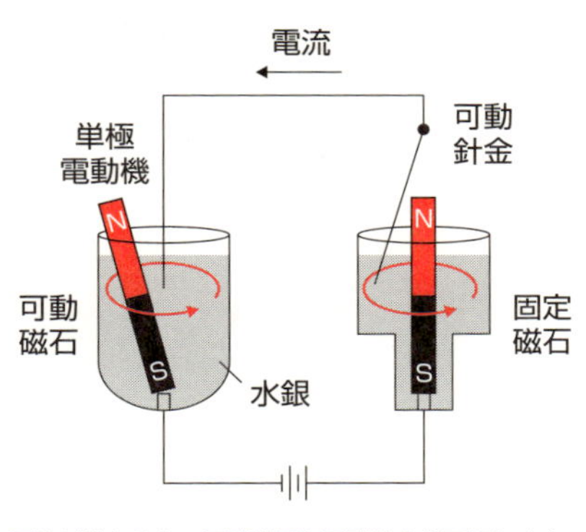

電流が流れると、可動磁石と可動針金が回転します。

ファラデーの電磁誘導の法則（1831年）

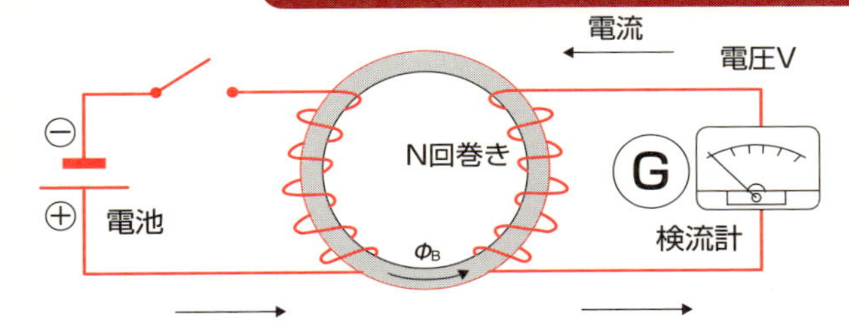

誘導起電力 V ［V］

$$V=-\frac{d\Phi}{dt}=-N\frac{d\Phi_B}{dt}$$

磁束Φの単位は磁気量と同じウェーバー（記号Wb）です。

$1\ \mathrm{Wb}=1\ \mathrm{V\cdot s}=1\ \mathrm{T\cdot m^2}$

レンツの法則（1833年）

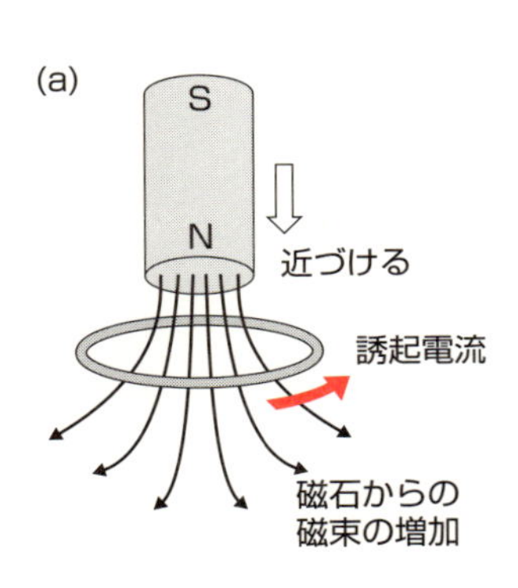

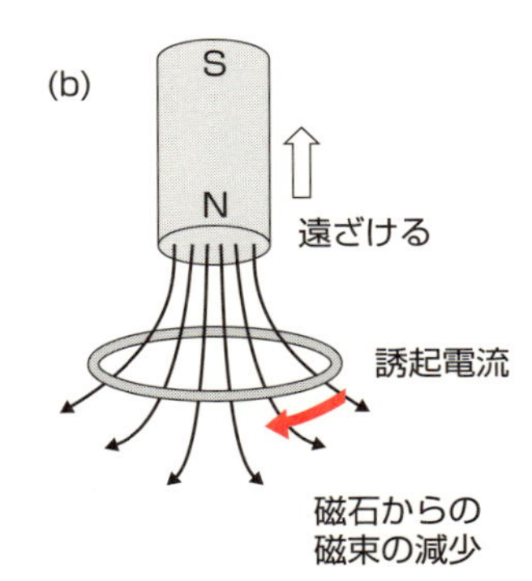

23 キャパシタとインダクタとは？

単位ファラッドとヘンリー

閉じた回路に電流を流すと回路を貫く磁束が時間的に変化し、回路に誘導起電力が生じます。特に電線をばね状に巻いた「インダクタ（コイル）」では逆起電力が発生します。自分の電流の変化が自分の電流の変化を妨げるので、これを「自己誘導」と呼びます。電流により作られる磁場は電流I（単位はA）に比例するので、回路を貫通する磁束Φ（単位はWb）は比例係数Lを用いて$\Phi = LI$と書けます。ここで、比例係数Lを「自己インダクタンス」といい、単位としてヘンリー（記号H）が用いられます。

2個の1組の物体に正負の電荷$\pm Q$を与えると物体間に電圧Vが誘起されます。あるいは、物体間に電圧を印加すると電荷を貯める事ができます。その場合、蓄積されている電気量Q（単位はC）は物体間にかかる電圧V（単位はV）に比例し、$Q = CV$となります。ここで、比例係数Cはキャパシターの「静電容量（電気容量）」または「キャパシタンス」といいます。単位はクーロン毎ボルト（記号はC／V）であり、ファラッド（記号F）が用いられています。また、電荷を蓄積させることができるこの部品を「キャパシタ」、または「コンデンサ」と呼びます。英語のcondenserは熱機関の凝縮器、復水器の意味であり、蓄電器の意味ではコンデンサよりもキャパシタと呼ぶ方が適切です。

抵抗Rに交流電圧Vを加えると電流Iの位相（出発点の位置）は電圧と同じであり、電力$P = VI$の周期は電圧の周期の半分となり、電力の平均値P_eは電圧ピークと電流ピーク値との積の半分です。一方、インダクタンスLの場合には、電流値の位相は4分の1周期だけ遅れ、キャパシタンスCの場合は、「進相コンデンサ」と呼ばれるように、電流値の位相は4分の1周期だけ進みます。Lの場合もCの場合も電力Pはプラス・マイナスとなって、電力の平均値はゼロとなり、電力の損失はありません。

要点BOX
- インダクタンスLは磁束Φを電流Iで割った値
- キャパシタンスCは電荷Qを電圧Vで割った値
- LまたはCだけの負荷では電力消費はない

インダクタとキャパシタの性質

●インダクタ(コイル)とインダクタンス

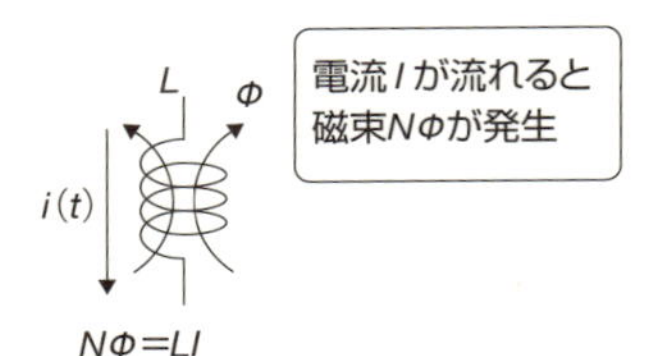

L Φ $u_L(t)$

磁束が変化すると、
その変化を妨げるように
電圧 $u_L(t)$ が発生
(レンツの法則)

$N\Phi = LI$

N：コイル巻き数
L：インダクタンス(inductance)

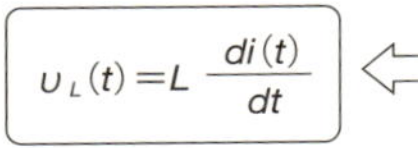

⇦ コイルを流れる電流が変化すると、レンツの法則により
その変化を妨げるように電圧 $u_L(t)$ が発生します

●キャパシタ(コンデンサ)とキャパシタンス(静電容量)

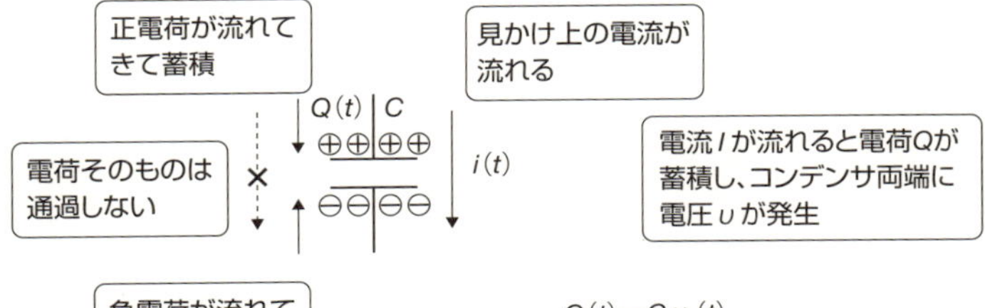

負電荷が流れて
きて蓄積

$Q(t) = Cu(t)$

C：キャパシタンス(capacitance)

R,L,C回路での電圧V、電流I、電力P 性質

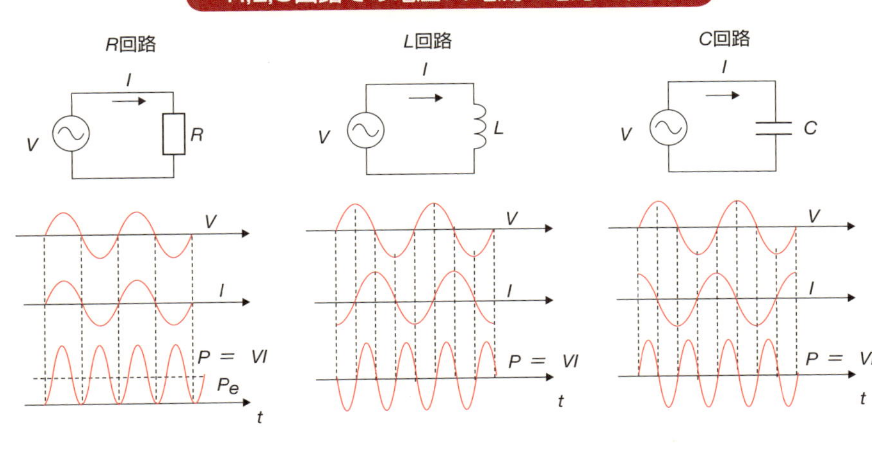

24 ダイオードとトランジスタとは？

電流制御の半導体素子

抵抗やキャパシタ（コンデンサ）、インダクタ（コイル）は増幅や整流などを行わない素子（受動素子）ですが、真空管やトランジスタなどは小さな電力で大きな電力が得られる増幅などを行うことができ、能動素子と呼ばれています。

「半導体」とは、導体と絶縁体の中間の物質であり、電気を少しだけ流せますが、正の電荷を持つ正孔（ホール）が電流を担うのが「p型半導体」であり、負の電荷の自由電子が電流を担うのが「n型半導体」です。

「ダイオード」はp型とn型の2つの半導体を結合して電気の流れを一方向に制御する基本的な能動素子です。p型半導体側をアノード（記号はA）、n型半導体側をカソード（記号はK）と呼びます。ダイオード内の電流の流れる方向はAからKが順方向であり、順方向に電圧を加えると正孔はp型領域からn型領域へ移動し、電子はn型領域からp型領域へ移動して、pn接合部において電子と正孔は結合して電荷は消滅します。正電極からは継続的に正孔が供給され、負電極からは電子が補給されるので電流は流れ続けます。逆方向に電圧をかけた場合には、正孔は正電極側へ移動し、電子は負電極側へ移動して、電流はほとんど流れません。

「トランジスタ」は、3つの半導体を組み合わせて増幅やスイッチング制御を行う能動素子です。transistorという名前の由来はtransfer（伝達）とresistor（抵抗）であり、「変化する抵抗を通じての信号変換器」という意味です。ベース（記号はB）に流す電流で、コレクタ（記号はC）とエミッタ（記号はE）との間の電流を制御します。増幅する場合には、ベース（入力側）に弱い信号（電流）を入れ、コレクタ側（出力側）から大きな信号（電流）を取り出します。これにはnpn型とpnp型の2種類があります。用途別には高周波用と低周波用があり、トランジスタの型番の記号で判別が可能です。

要点BOX
- ●p型半導体とn型半導体とのpn接合
- ●ダイオードの機能は電流の一方向制御
- ●トランジスタの機能はスイッチングや増幅

ダイオードの構造と仕組み

●ダイオードの構造

p n

構造： p形とn形の半導体が接合されている

A K

アノード カソード

記号： 電流の流れる方向をイメージしている

外観： 線がある側がK側

電流の流れる向き
（順方向電流）

●順方向電圧

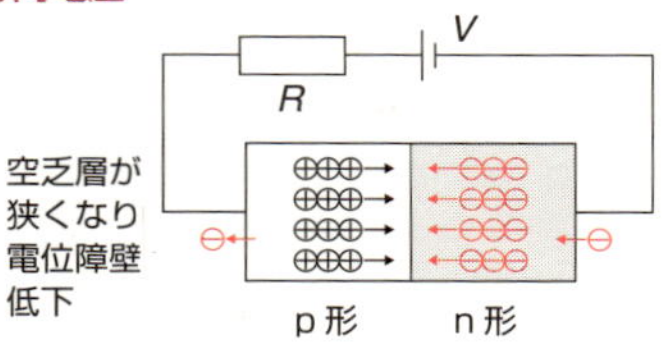

●逆方向電圧

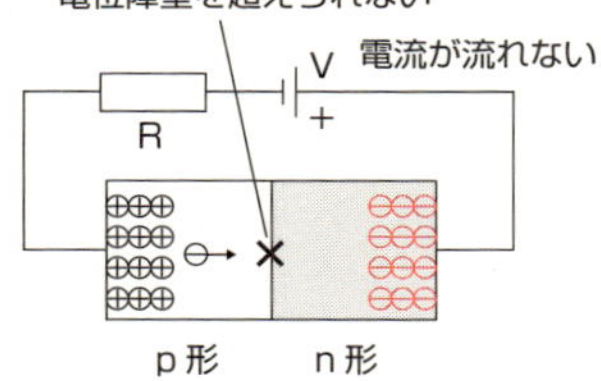

トランジスタの構造と仕組み

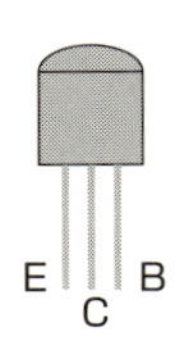

平らな面から見て、左から順にエミッタ、コレクタ、ベースです。「エクボ（ECB）」と覚えます。

●npn型の例

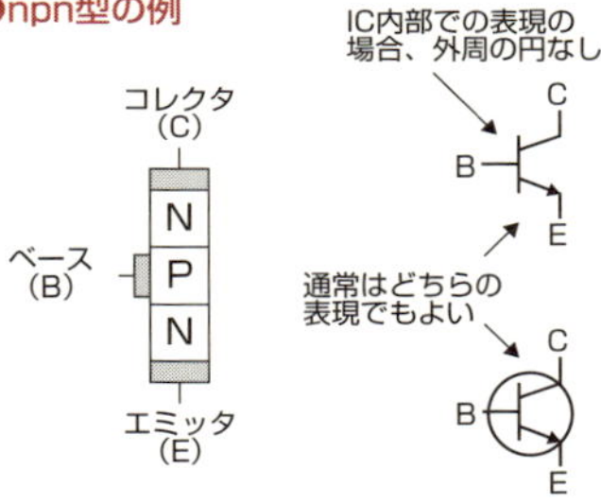

IC内部での表現の場合、外周の円なし

C
B
E

通常はどちらの表現でもよい

C
B
E

タイプ	高周波用		低周波用	
	小信号用	大電流用	小信号用	大電流用
PNP	2SA～		2SB～	
NPN	2SC～		2SD～	

トランジスタの型名の最初の3文字は、構造や用途を示しています。後ろの数字は各メーカーの製品番号になります。「2SC～」は「C～」と略されることもあります。

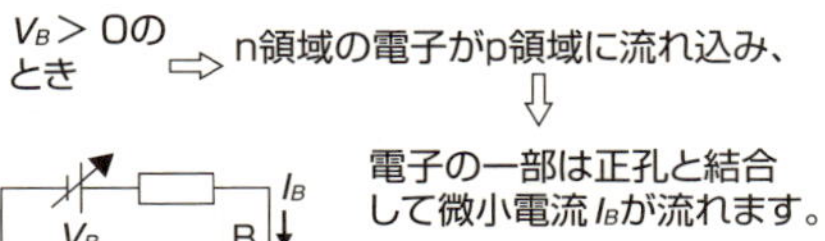

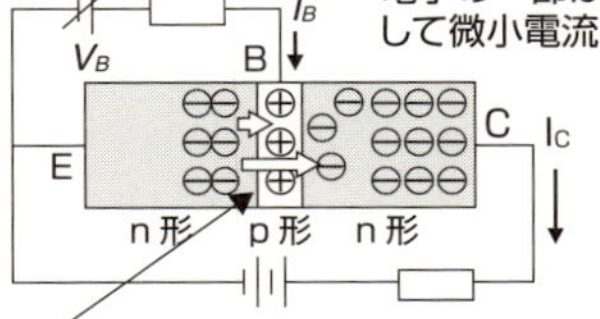

残りの多量の電子はpを通り越してn領域に流れ込み、 ⇨ I_Bに比例した大きな電流I_Cが流れます。

pnp型の場合は、I_B、I_Cの方向が逆になります。

25 IC、LSI、VLSI、ULSIの違いは?

大規模集積回路(LSI)

集積回路(IC、Integrated Circuit)とは、高度の機能を持つ電子部品の一つであり、トランジスタ、抵抗、コンデンサ、ダイオードなど、多数の微細な電子素子を一つの基板の上で連結し、全体として複雑な処理を行ったり、大量のデータの記憶を行ったりできる回路です。作りかたは、シリコンウェハーに不純物や金属を焼き付けて多数の素子を組み込んだICの原型を作り、裁断してセラミックのパッケージに封入します(左頁上図)。

トランジスタは1958年に発明され、それを基板に10個ほど集めた小規模集積回路(SSI、Small-Scale Intigration)が1960年代前半に開発され、中規模集積回路(MSI、Medium-)では数十から100個程度であり、1960年代前半は1000個ほどになり、LSI(Large-)と呼ばれました。1980年代に入ると更に大規模の回路が生産され、ゲート数が1万を超えるものをVLSI(Very Large-)、1990年頃には10万を超えるものも現れULSI(Ultra-Large-)などと呼ぶようになりました。しかし、次第に回路の規模による細かな区分は意識されなくなり、現代ではICとLSIとがほとんど同義で用いられています。一般的には半導体チップは機能ごとに提供されるため、複数のチップを実装して接続する必要がありますが、一つのチップに統合したものをSoC(System on Chip)と呼ばれています。

半導体業界において、一つの集積回路(ICチップ)に実装される素子の数は「1年半または2年ごとに倍増する」という経験則がありました。米大手半導体メーカー、インテル社の創業者の一人であるゴードン・ムーア氏が1965年に発表し、カリフォルニア工科大学のカーバー・ミード教授が提唱した法則であり、「ムーアの法則」と呼ばれています。ただし、この法則には限界があると指摘されています。

要点BOX

- 現在はICとLSIはほぼ同義で用いられる
- ムーアの法則:チップの素子の数は1年半または2年ごとに倍増していた

集積回路(IC)の製作

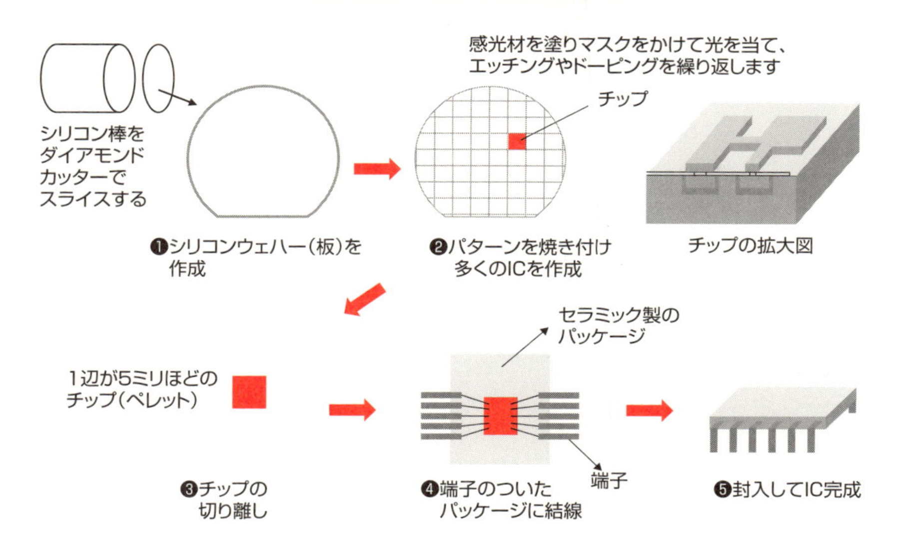

ムーアの法則

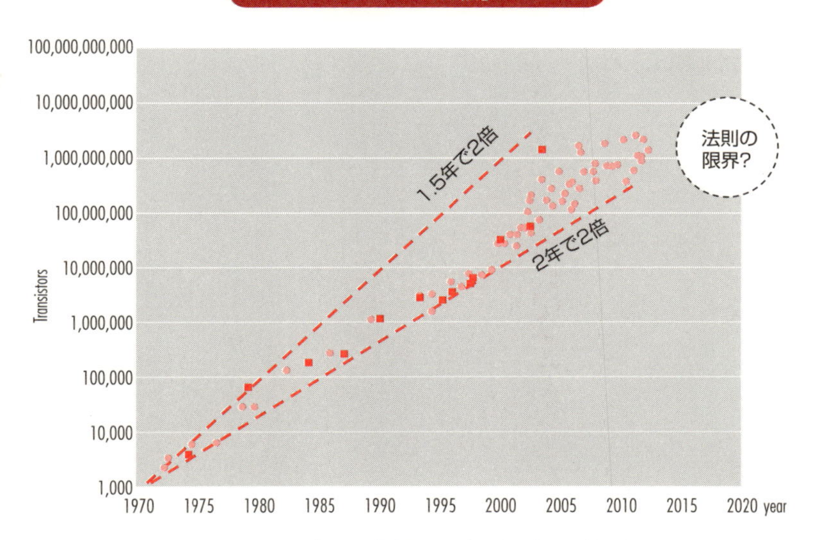

1つのチップに搭載されたトランジスタの個数は1.5年から2年で2倍になっています。
縦軸は対数のスケールで描かれています。

Column

宇宙の4つの力と発電の関係は!（重力、電磁力、強い力、弱い力）

私たちの身の回りにはさまざまなエネルギーが満ちています。力学エネルギー（位置エネルギーと運動エネルギー）、電気エネルギー（磁気エネルギーを含む）、光エネルギー、熱エネルギー、化学エネルギー（生体エネルギーを含む）、核エネルギーなどがあります。これらのエネルギーは相互に変換が可能です。

たとえば、力学エネルギーと電気エネルギーとの相互変換は、発電機と電動機で可能です し、化学エネルギーと電気エネルギーとの変換は、燃料電池と電気分解作用で可能です。また、熱エネルギーと力学エネルギーとの変換は、熱機関とヒートポンプで行われます。

これらのエネルギーの源は、宇宙の４つの力に起因する作用により生まれたものです。化石エネルギーは植物の光合成や動物の代謝に関連して生成された燃料であり、「電磁力」により生成されたものです。地熱と潮力を除くほとんどの自然エネルギーは太陽の光エネルギーや熱エネルギーの利用によるものです。これらは電磁波としてのエネルギーです。元をただせば太陽内部で起こっている核融合反応としての「強い力」によるものです。原子力発電には核力としてのこの強い力が利用されています。地熱は地球内部での放射性元素の崩壊の「弱い力」を、潮汐発電は「万有引力」を利用しています。宇宙の始まりではこれらの４つの力は分化されずひとつだったと考えられています。

電磁力は電荷を持った粒子同士に働きます。分子の力や化学反応での電磁力に起因していますが、実はこの電磁力に起因しています。分子は、原子核の周りを回る負電荷の電子と正電荷の原子核とでできた原子の組み合わせでできていますが、原子間の結合には原子の最外殻電子が関連しています。分子と化学の日常のエネルギーはほとんどがこの電気の力(電磁力)に起因していると言っても過言ではありません。

宇宙の4つの力

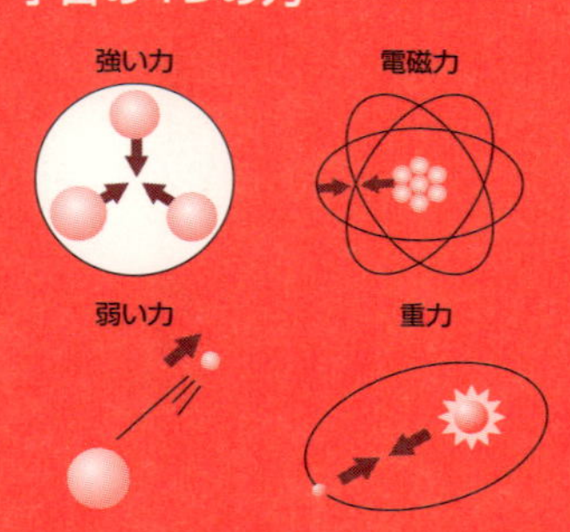

電力と パワーエレクトロニクスの はなし

（電力工学とパワーエレクトロニクス）

26 電気のつくりかたは？

水力と火力発電

自然から採取されたままの物質を源としたエネルギーは「1次エネルギー」と呼ばれ、石炭・石油・天然ガス・水力・原子力などがあります。一方、電気や都市ガス、将来は水素ガスなど、は「2次エネルギー」と呼ばれ、さまざまな形態の1次エネルギーを変換して生み出されます。

一般的に、様々なエネルギーを力学エネルギーに変換する機械を「原動機」と呼びます。原動機のうち、特に、流体の持つエネルギーを回転のエネルギーに変える機器を「タービン」と呼びます。電力を発生させるには、タービンを回して連結された発電機を回転させます。ファラデーの電磁誘導の法則（22参照）を利用するシステムであり、巻き線に磁石を出し入れする時に電流が流れる原理に相当します。

発電方式としては、火力発電、水力発電、原子力発電、風力発電、太陽光発電、太陽熱発電、地熱発電など、さまざまです。エネルギー変換の形態から分類すると、蒸気タービンやガスタービンによる熱エネルギーの利用（火力、原子力、太陽熱、地熱）、水力タービンや風力タービンによる力学エネルギーの利用（水力、風力、潮汐、波力）、水素と酸素の反応による化学エネルギーの利用（燃料電池）、光電池による光エネルギーの利用（太陽光）があります。

水力発電と火力発電でのタービンを用いた発電の概念を下図に示しました。

水力や風力の場合には、水や空気で直接タービンを回し発電します。潮汐や波力も海水の力学エネルギーを用いてタービンを回します。燃料の燃焼がないので、温室効果ガスとしての二酸化炭素が運転時には排出されないのが利点です。

蒸気タービンやガスタービンを用いる火力や原子力発電の場合の発電効率は通常30〜40％です。蒸気やガスの温度を上げるほど発電効率を向上させることができます。

要点BOX
- 通常の発電はタービンを回して力学エネルギーを経由して発電
- 電磁誘導による発電

発電機の原理

●電磁誘導の原理

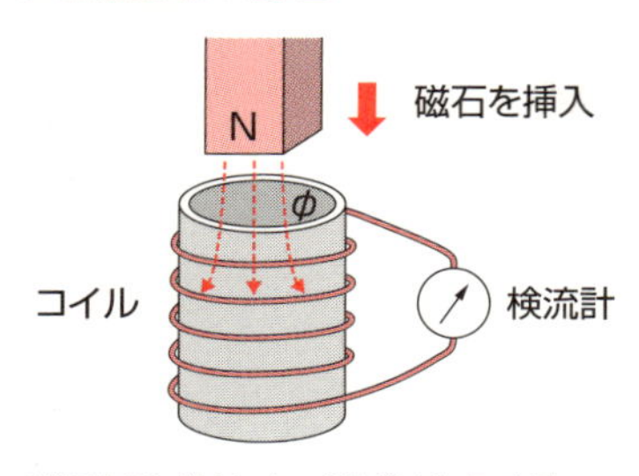

磁石を近づけたり、遠ざけたりすると、コイルに電流が流れます（ファラデーの原理）。

●発電機の概念図

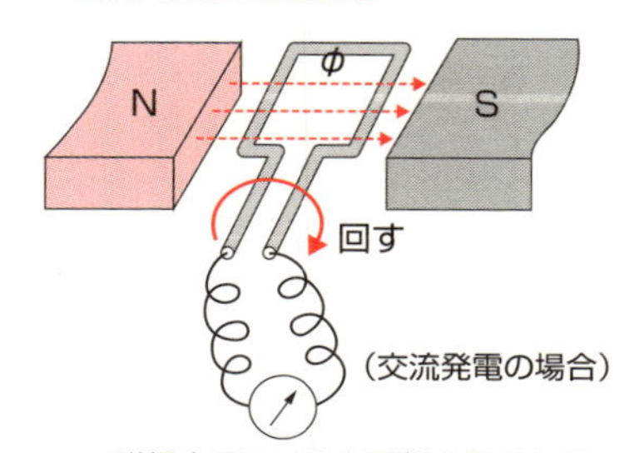

磁場中でコイルを回転することで、電流を誘起できます。

水力発電と火力発電の概念

●水力発電の概念図

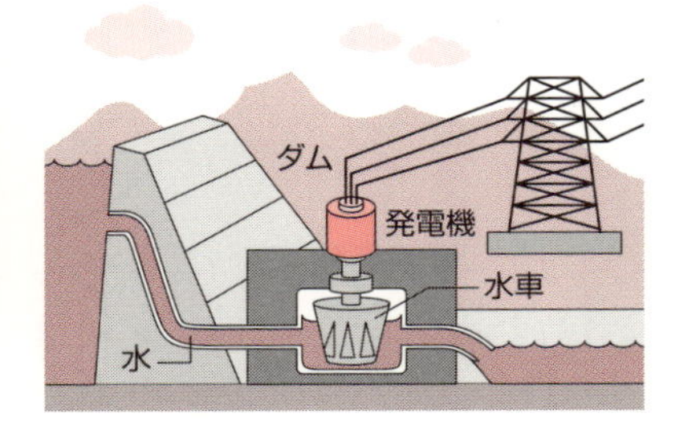

●火力発電の概念図

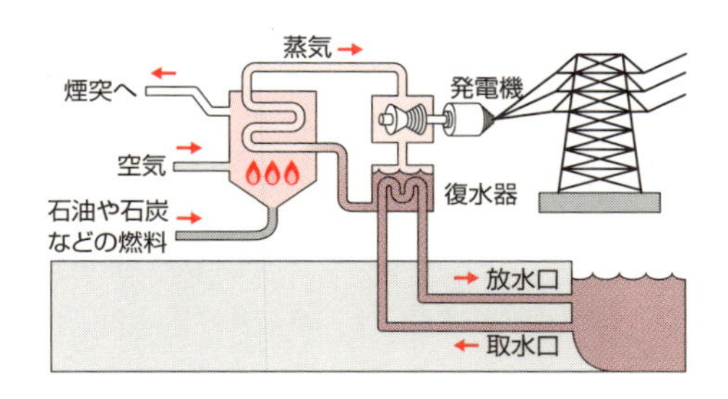

●フランシス水車の仕組み

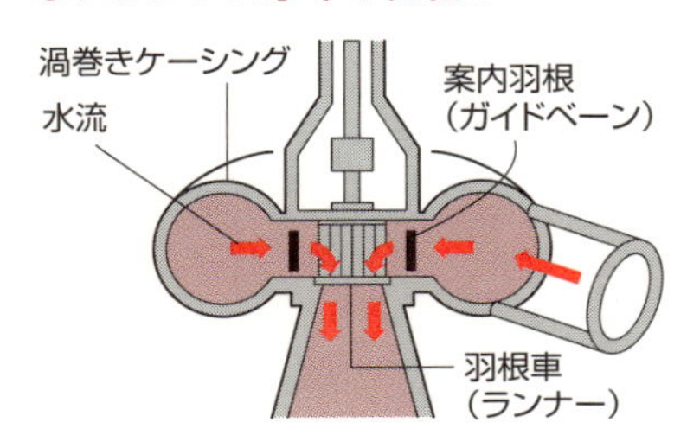

重力による流体の力学エネルギーにより水力タービンを回し、発電機により電力エネルギーを作ります。

●蒸気タービンの仕組み

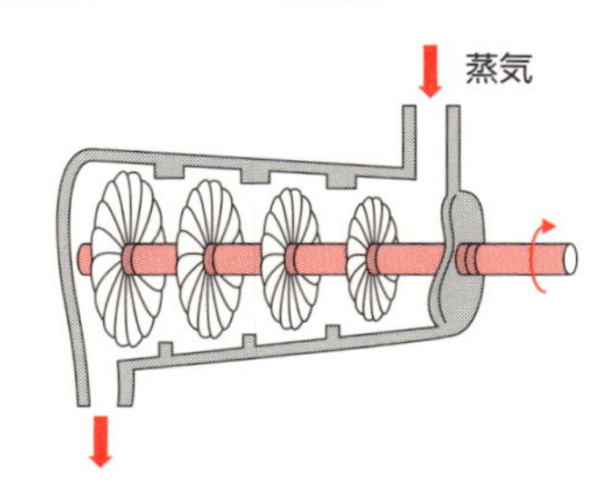

化学燃焼により生成された熱エネルギーにより高温のガスや蒸気を作りタービンを回し、発電機により電力エネルギーを作ります。

27 光で電気をつくる？

太陽電池（ソーラーセル）

火力発電（化学エネルギー）や原子力発電（核エネルギー）では熱エネルギーを介して電気エネルギーを作りますが、太陽光発電システムは太陽の光エネルギーを直接電気エネルギーに変換する発電方式です。発電量は単純にシステムの規模に比例するので、設置場所の広さに合わせて自由に規模を決めることができ、どこでも利用できるクリーンで無尽蔵のエネルギー源です。ただし、現在の変換効率は10～20％であり、しかも、夜間や雨天時の発電は困難なので、総合効率は更に低下します。

太陽光発電の心臓部は太陽電池です。英語では「光発電」の意味でphotovoltaicと呼ばれＰＶと略されます。太陽電池はｐ型とｎ型を接合したシリコン半導体で構成されており、太陽光が照射されると、接合部分に負の電気と正の電気が生成され、負の電気はｎ型シリコンへ、正の電気はｐ型シリコンに分離され、電極に電圧が誘起します。これに電球などの外部負荷を接続すると電流が流れ点灯します。

太陽電池の最小の単位は「セル」であり、出力電圧は普通０・５～１・０ボルトです。このセルを並べて樹脂等で保護して作ったパネルが「モジュール」であり、更にこのモジュールを並べて接続したものが「アレイ」です。住宅用の発電システムの構成機器としては、光から直流電流を作る太陽電池アレイの他に、アレイを設置する架台、アレイからのケーブルの結線のための「接続箱」、直流電流を交流電流に変換する「インバータ」、電力の出力品質の制御のための「保護装置」などが必要となります。インバータと保護装置とを統合した機器とし「パワーコンディショナ」が設置されています。

システムの利用形態として、独立型か、系統連系型かで区別されます。電力会社の電力網を「系統」と呼び、この系統に自家発電の設備をつなぐことを「連系」と呼びます。

要点BOX
- ●太陽電池はp型とn型との接合シリコン半導体
- ●太陽電池の構成は、セル、モジュール、アレイ
- ●直流発電なのでパワーコンディショナー必要

太陽電池のしくみ

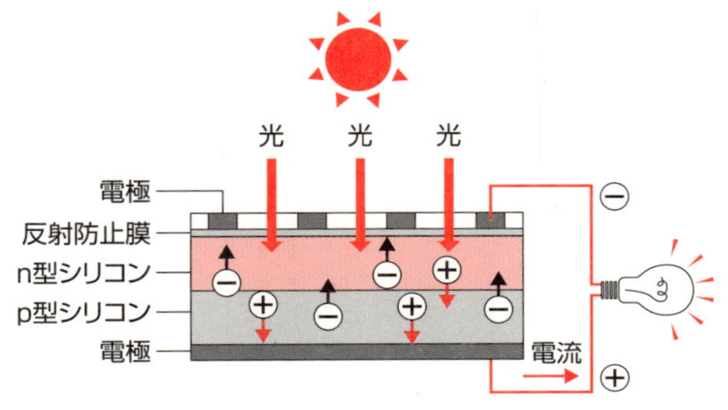

太陽電池に光があたると、n型とp型の接合部分に負の電気(電子)と正の電気(正孔)が生成され、電子はn型シリコンへ、正孔はp型シリコンに分離され、電極に電圧が誘起されます。これに電球などの外部負荷を接続すると、電流が流れて(電子が逆方向に流れて)点灯します。

住宅用太陽光発電システムのイメージ図

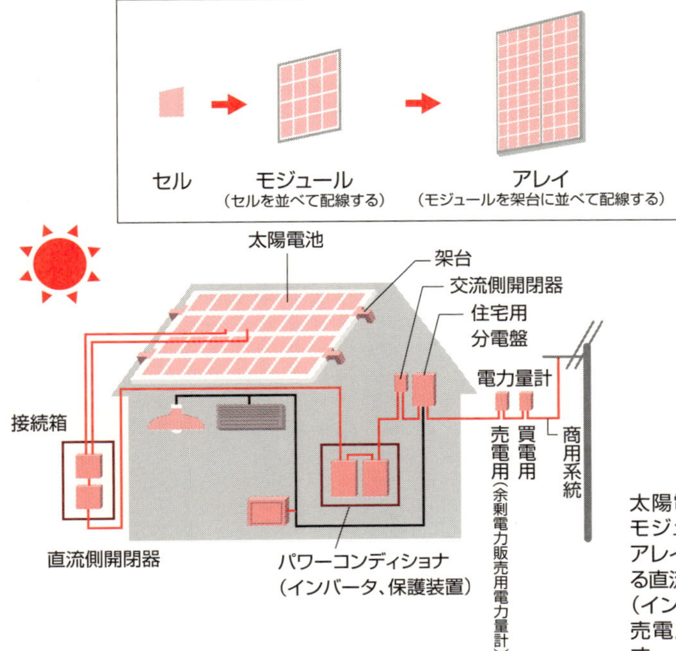

太陽電池はセルで作られたモジュールを組み合わせたアレイで構成され、発電される直流を交流に変換する装置(インバータ)と、余剰電力の売電用の装置とを利用します。

28 化学で電気をつくる？

燃料電池エネファーム

将来の重要な2次エネルギーとして、電気のほかに「水素エネルギー」があります。これまでは石油に代表される炭素基盤のエネルギー経済でしたが、これを水素基盤のエネルギー経済（水素経済社会）に転換すべきとの提案があります。

太陽エネルギーなどの再生可能エネルギーを水素の化学エネルギーに変換・蓄積すれば、必要に応じて水素から電気エネルギーに変換できます。これらの2次エネルギー同士の変換方法としては、水素から電気への変換は「燃料電池」で、逆変換としては水の電気分解による水素生成です。

燃料電池は1839年にイギリスのグローブ卿により発明されましたが、百年近く、応用されませんでした。1950年代後半、米国のGE社が燃料電池の技術革新を行い、1965年に出力1キロワットの燃料電池を有人宇宙飛行船ジェミニ5号に搭載しました。その後、産業用・民生用への応用開発が高まり、今日の燃料電池へと進化してきました。

燃料電池の発電では、水素（H_2）ガスを負極（燃料極）に、酸素（O_2）ガスを正極（空気極）に供給します。水素が白金触媒上でイオン化し、水素イオン（陽子）と電子となり、水素イオンは電解質液を通って正極に移動し、電子は負極から外部の回路を流れて正極に移動します。正極の近くでは酸素と電解質中を通ってきた水素イオンと外部回路を移動してきた電子とが反応して水ができます。このようにして、電気エネルギーを得ることができます。

家庭用の燃料電池システム（下図）は「エネファーム」と呼ばれており、「エネルギー」と「ファーム（農場）」の造語です。都市ガスやLPガスを改質して生成した水素と空気中の酸素をセルスタックで化学反応させ、直流電力をつくり、インバータにより交流電力にします。発電の際に発生する熱でお湯をつくり、給湯や暖房に活用する効率的なシステムです。

要点BOX
- 水素から電気への変換は燃料電池で、電気から水素への変換は水の電気分解で
- 家庭用燃料電池はエネファーム

燃料電池の仕組み

●燃料電池発電の原理

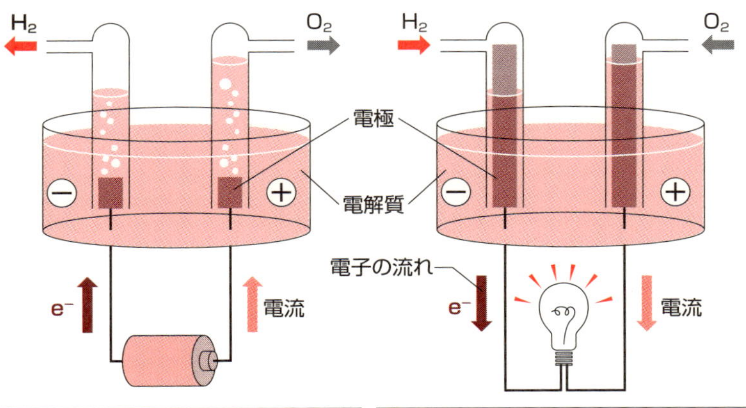

水の電気分解	燃料電池発電
〈反応式〉 $H_2O \rightarrow H_2 + \frac{1}{2}O_2$	〈反応式〉 $H_2 + \frac{1}{2}O_2 \rightarrow H_2O$
負極(−) $2H^+ + 2e^- \rightarrow H_2$ ↑外部回路を移動	負極(−) $H_2 \rightarrow 2H^+ + 2e^-$ 電解質中を移動↓　↓外部回路を移動
正極(+) $2OH^+ \rightarrow 2e^- + H_2O + \frac{1}{2}O_2$	正極(+) $\frac{1}{2}O_2 + 2H^+ + 2e^- \rightarrow H_2O$

家庭用燃料電池「エネファーム」の仕組み

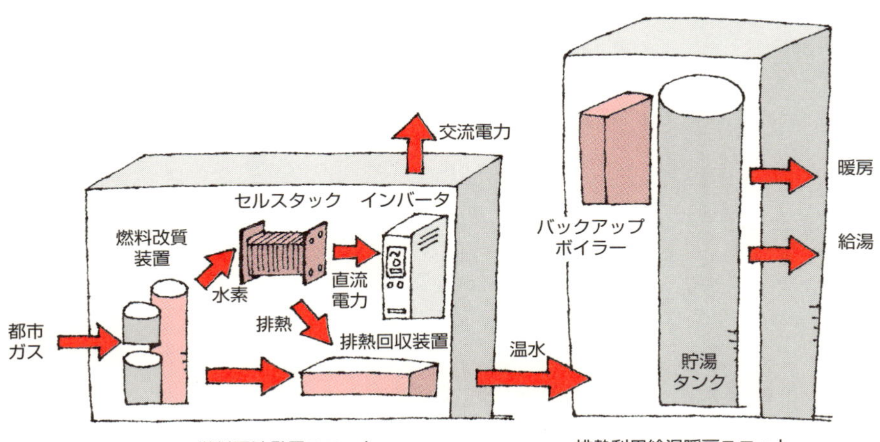

29 核で電気をつくる？

核分裂と核融合

ギリシャ神話によれば、プロメテウスは神々の王ゼウスの許可を得ずに人間に「火」を与えたとされています。ゼウスは激怒し、人間たちに箱を携えたパンドラを送り、プロメテウスはコウカサスの岩山に鎖で繋がれ、肝臓を大鷲についばまれます。人類にとって火は宝です。私たちは、第2の火「電気」、第3の火「原子力」を手に入れました。原子の火は原子核内部の力「核力＝強い力」に起因しています。

核が分裂や融合するときに質量が欠損しそれがエネルギーとして放出されます。物質とエネルギーとは同じものであることをアインシュタイン博士が明確化しますが、最も安定な元素は鉄です。人間社会では、一人では孤独で寂しく、大勢では喧嘩になりがちです。同様に、ちょうど安定な原子核の質量があり、それが鉄なのです。水素のように軽い原子核が融合すると、「質量欠損」が起こりエネルギーを出してより安定な状態になります。これが「核融合反応」です。一方、原子炉では、ウランのような重い原子核に中性子が当たると、より軽い原子核に分裂し、エネルギーが発生します。「核分裂反応」です（上図）。

原子爆弾と原子力発電とは燃料に用いるウラン235の濃縮率が各々100％と3～5％との違いがあり、制御性が基本的に違います。しかし、事故時の安全性など、原子力エネルギーの利用は両刃の剣として慎重にしなければなりません（中図）。

原子炉では核燃料に中性子1個が当たると1個以上（ウラン235では平均2・5個）の中性子が放出され減速されてもう一度核燃料物質に吸収されて反応が持続します。核反応で得られる原子の運動エネルギーや放射線のエネルギーを熱エネルギーとして取り出し、タービンを回して発電を行います。火力発電とは、熱を発生させる炉心部分が異なりますが、熱から電気を発生させる発電部分は火力発電と基本的に同じです。

要点BOX

- ●軽元素の核融合と重元素の核分裂
- ●原子爆弾と原子力発電とは燃料濃縮度が違う
- ●原子力発電は火力発電と同様に熱から電気へ

核融合と核分裂

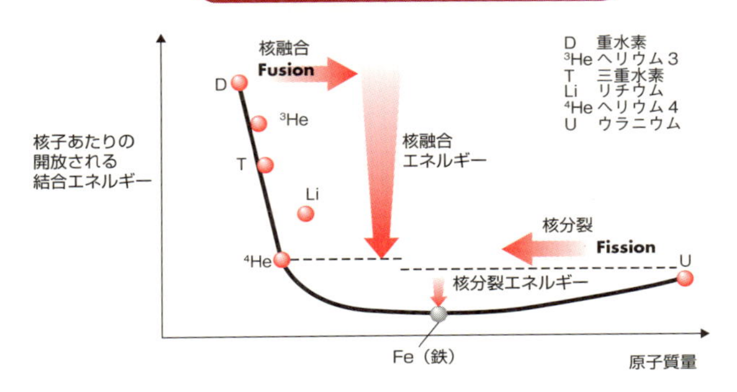

核分裂連鎖反応とウラン燃料

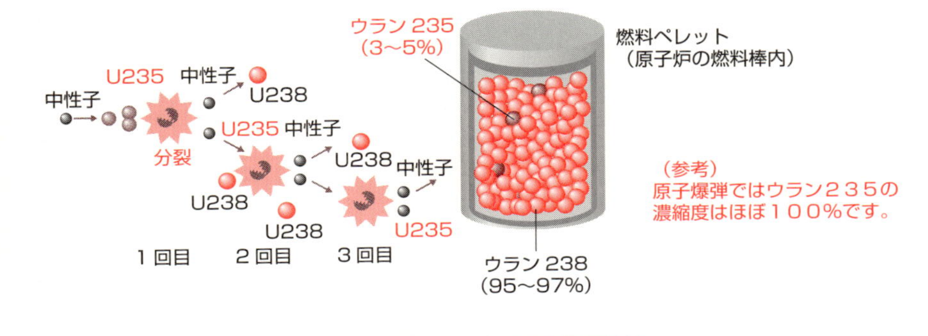

（参考）
原子爆弾ではウラン２３５の濃縮度はほぼ１００%です。

火力発電と原子力発電

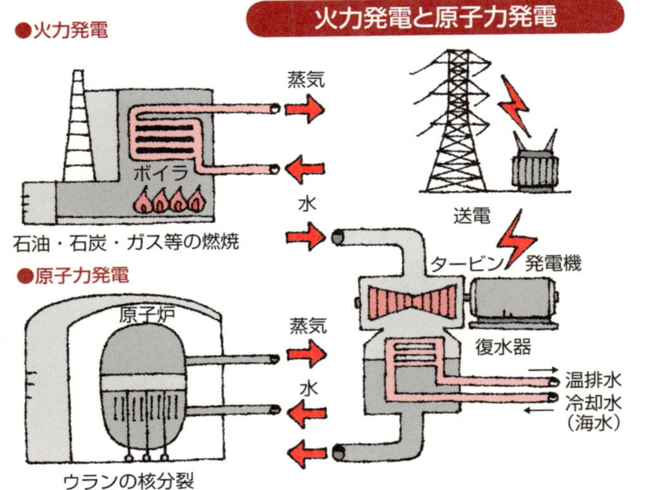

火力発電と原子力発電とは熱発生の炉心部分が異なりますが、熱から電気への発電部分は基本的に同じです。

30 電気はどのように届けられるのか?

送電、変電 配電、蓄電

発電所の出力は数千から2万ボルトの電圧ですが、送電時の損失を減らすために、発電所内または隣接した変電所で27・5万または50万ボルトの超高電圧へ変電され、遠方へ送り出されます。この電気は、送電線を通り超高圧変電所で15万4千ボルトに下げられ、1次変電所で6万6千ボルト、中間変電所で2万2千ボルト、そして、配電用変電所で6千6百ボルトに下げられます。更に、電柱の上にある変圧器(トランス)で100～200Vと、徐々に電圧を下げられてから私たちの家庭などに届けられます。各変電所で降圧された電気の一部は、そのまま鉄道変電所、大規模工場やビルなどへ送られます。

各家庭の電気の入り口は「受電点」といい、この点から電柱までの導線などは電力会社の資産、受電点以降は各家庭の資産です。電気は受電点から電力量計を通って屋内の「分電盤」に入ります。なお、変電設備をもったビルや工場では、6千6百ボルトの電気をそのまま引き込んでいます。

分電盤に入った電気は、電流制限器(契約電流を超える場合に遮断する電流ブレーカー)を通って漏電遮断器(漏電による火災や感電を防止)に入り、そのあと複数ある分岐開閉器の安全ブレーカー(定格以上で電流を遮断する配線用遮断器)に分かれます。

非常時対策や省エネ対策としての蓄電もなされています。電気のままの蓄エネルギーの方法(蓄電池や大型のSMES)や他のエネルギーに変換しての方法(力学エネルギーに変えるためのフライホイール)も用いられています。

電気の有効利用に関しては、創電(発電)、送電、変・配電、蓄電、そして省電(省エネ)のおのおのの過程での工夫が必要となっています。ヒートポンプ技術を利用し夜間の電力を利用している給湯器としての「エコキュート」も蓄電・省電の役割を果たしています。

要点BOX

- 高圧送電用に27.5万又は50万ボルトに昇圧
- 配電用変電所では6千6百ボルトに降圧し、更に柱状トランスで100～200ボルトに降圧

変圧器を用いた高圧送電網

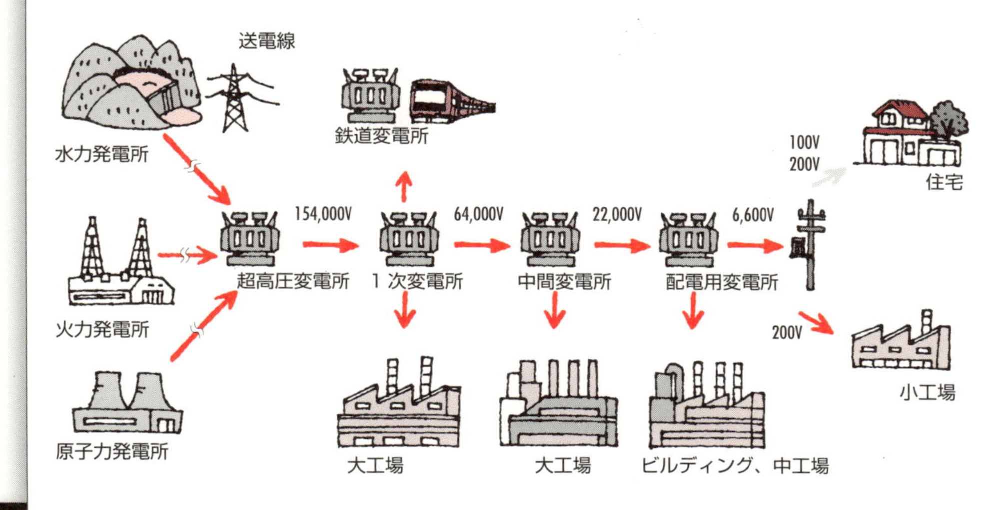

家庭への送電･配電

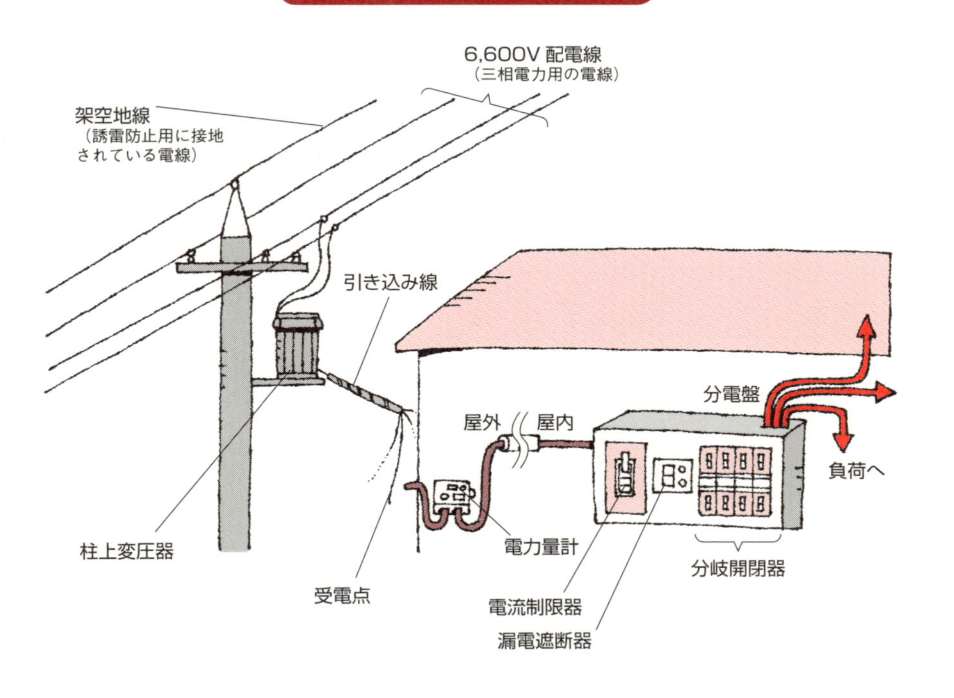

31 パワーエレクトロニクスとは？

電力用半導体技術

一般的には電力用半導体素子を用いて電力を開閉制御することの総称を「パワーエレクトロニクス」と呼びます。これは電気工学としての、エレクトロニクス（半導体・電子）、制御、電力の3つの分野の境界分野です。様々な電力用半導体素子（左頁上図）の開発に伴って発展してきました。

「サイリスタ」は、pnpnの4相で構成されており、中間のp層から制御電極のゲート（G）を取り出します。ゲート電流を制御することによってアノード（A）とカソード（K）との間に流れる主電流の制御をしますが、増幅作用はありません。

サイリスタは、pnp形とnpn形とのトランジスタの組み合わせた素子と考えることができます（下図）。トランジスタ2のベースB2に電流が流れると、トランジスタ2のC2電流がトランジスタ1のB1電流になるので、トランジスタ1により増幅されたC1電流が流れ、最初のベース電流に加わり、トランジスタ2のコレクタのC2電流を増加させます。このようにして、トランジスタ1および2が完全に飽和領域に到達して順方向の導通状態（ターンオン）となります。

サイリスタに順方向電圧を高くしていくと、ある電圧（ブレークオーバ電圧）に達したところで電流が急増して順方向導通状態（ターンオン）となります。この電圧より低い順方向電圧を印加しても電流は流れません。このときゲート電流を流すとサイリスタは、ターンオンして主電流が流れます。サイリスタは、一度オンするとゲート電流を取り去ってもオン状態を維持します。このサイリスタをオフにするには、サイリスタのアノードとカソードの間に逆方向電圧を一定時間加える必要があります。

ゲート電流でターンオフができる半導体素子としての「GTOサイリスタ」も用いられています。

要点BOX
- パワーエレクトロニクスは電力用半導体素子を用いて電力を開閉制御する技術
- サイリスタは、pnpnの4層

パワーエレクトロニクスの素子

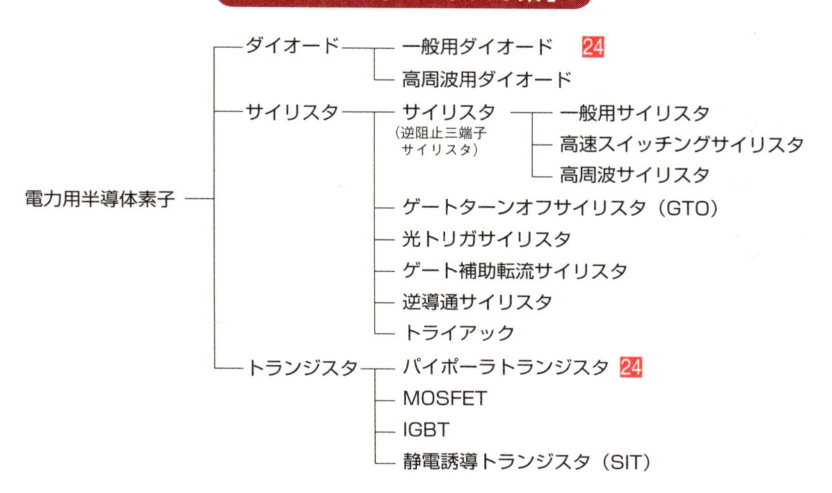

サイリスタの仕組み

●サイリスタの記号と構成

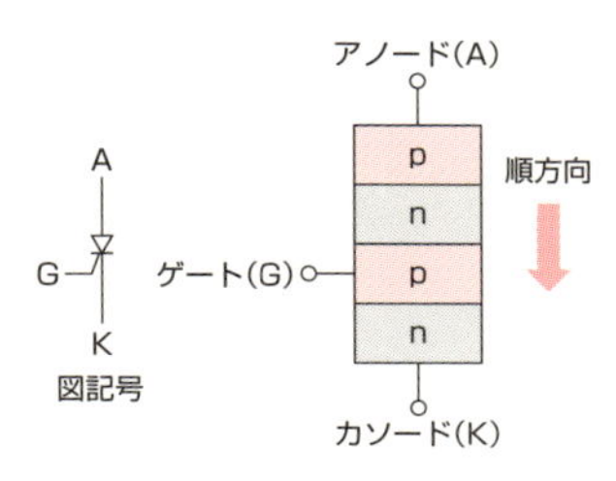

●サイリスタの電圧ー電流特性

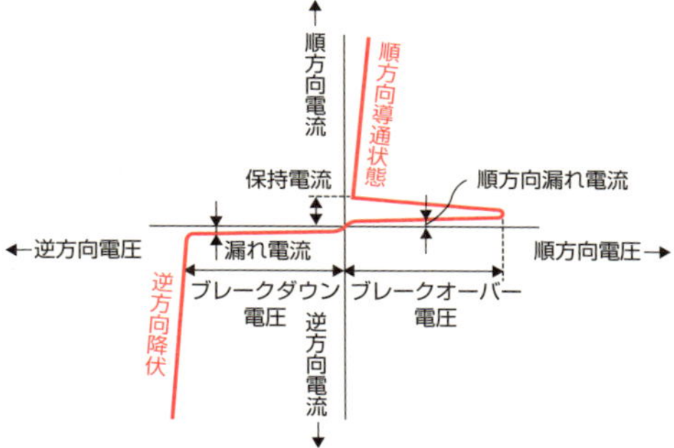

ブレークオーバー電圧とブレークダウン電圧の
値は通常はほぼ等しくなります

●サイリスタの等価回路

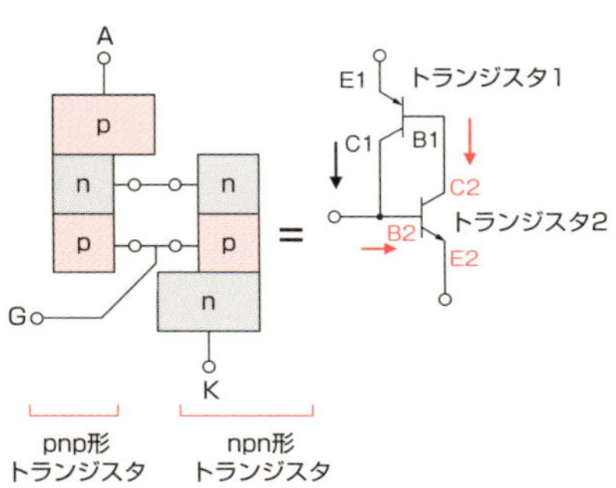

32 コンバータとインバータの違いは？

交流直流変換器

一般的にモータとは動きを作りだす装置の総称であり、発動機あるいは原動機と訳されますが、特に、電気により動く装置を電気モータ（電動機）、あるいは、単にモータと呼ばれています。電気モータの回転数は電源の周波数と極数で定まります。連続的に回転数を変えるには電源周波数を変える方法しかなく、交流のまま自在に変えることは容易ではありません。そこで、交流を一度直流に変換し、その直流を再び疑似的な交流に変換することで、周波数と電圧の大きさを自在に変えることができます。これにより、モータの始動や、スムーズな加速、自在な速度制御ができ、省エネ運転につながります。

また一般的に、交流を直流に変換する装置を「コンバータ回路」（変換器）、直流を交流に変換する装置を「インバータ回路」（逆変換器）と言います。電圧や周波数を自在に変化させる回路がインバータ回路ですが、コンバータ回路、平滑用キャパシタ、インバータ回路を合わせた装置全体を、広い意味で「インバータ」と言います。

インバータは多くの機器で利用されています。例えば、身近には蛍光灯とエアコンがあります。インバータ蛍光灯では、高周波の交流に変換して放電を効率よく起こし、発光効率を向上させることができます。エアコンでは、冷媒を圧縮して温度をあげ、急膨張させるて温度を下げる操作を行いますが、インバータエアコンでは、コンプレッサ（圧縮機）の旧来のオン・オフの2値制御のかわりに、周波数変調による滑らかで高効率な制御を行うことができます。

その他、計算機の電源として用いられる瞬間的な停電や不安定な電源電圧を安定化させるための無停電電源（UPS）でインバータが用いられています。また、太陽光発電や燃料電池では直流電気が得られますので、その電力を家庭で使う場合には交流への変換のためのインバータが不可欠です（27参照）。

要点BOX
- ●コンバータ（変換器）は交流を直流に変換
- ●インバータ（逆変換器）は直流を交流に変換
- ●エアコン、蛍光灯、無停電電源にインバータ

電力変換装置(インバータとコンバータ)

出力／入力	直　流	交　流
直　流	直流チョッパ	インバータ (逆変換装置)
交　流	コンバータ (順変換装置)	交流電力装置 サイクロコンバータ

直流チョッパ：　ＯＮ／ＯＦＦすることで直流電力を制御
サイクロコンバータ：　交流の周波数変換装置

インバータの用途

電圧と周波数の変更
ＶＶＶＦ：可変電圧・可変周波数
各種モータ
(産業用モータ、エアコンのコンプレッサ用モータなど)

周波数の変更
ＣＶＶＦ：一定電圧・可変周波数
蛍光灯、IH調理器など

電圧・周波数を一定に保持
ＣＶＣＦ：一定電圧・一定周波数
コンピュータの無停電電源(UPS)など

インバータの活用例

●インバータ蛍光灯

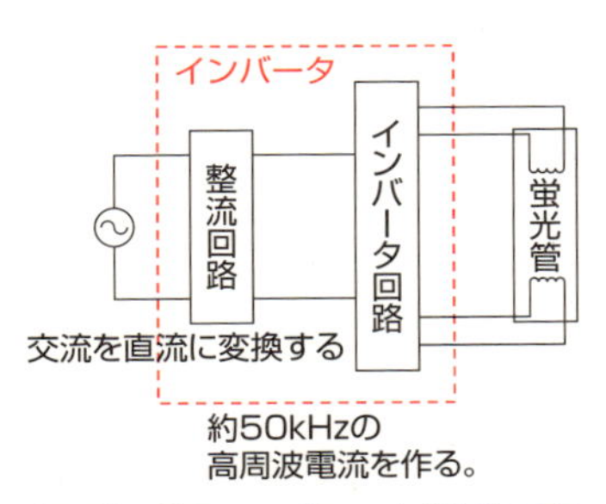

高周波の放電で、グロー点灯管も不要ですぐ点灯し、明るくてちらつきも少なくなります。

●インバータエアコン

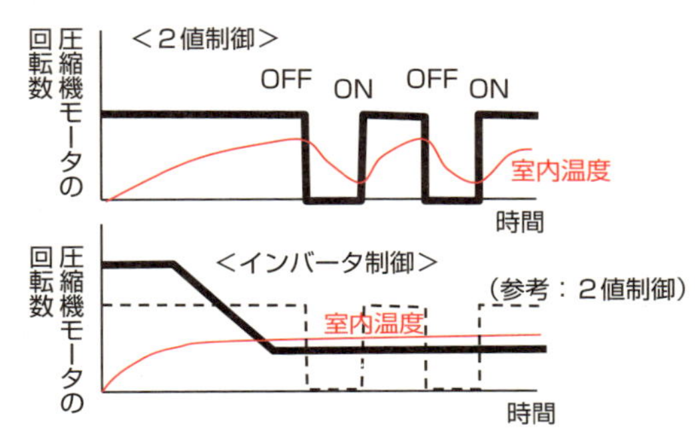

インバータ制御により、滑らかで省エネの温度調節が可能です。

Column

電流のなかの電子はカタツムリより遅い!?(電流の実体)

　家庭では100Vで数Aの電流が導線を通じてコンセントから電気機器まで送られています。遠く離れた電灯もスイッチを入れた瞬間に点灯させることができますし、海底ケーブルを通じて地球の裏の人々と電話で話すことができます。

　これらの電流を考えると、導線内を移動する自由電子は非常に速く動いていると思われがちです。導線内の自由電子の速さは、❶光の速度($3x10^{8}$m/s)、❷ロケット速度(~10^{4}m/s)、❸100m走世界記録(~10m/s)、そして、❹カタツムリの速度(~10^{-3}m/s)のいずれでしょうか?

　断面積1㎟の銅線に10Aの最大許容電流を流したとき、自由電子が銅線内を移動する平均速度を考えてみましょう。銅の原子番号は29で平均質量数は63・5であり、N殻(量子化された軌道の4番目の殻)の電子は1個なので銅原子1個に自由電子1個があります。銅1モルは63・5gであり、その1モルの中には、原子の数が6・02×10^{23}個(アボガドロ数)あります。一方、銅の密度は8・94g/㎤であり、1モルの体積は 7・10×10^{-6}㎥となります。したがって、銅の単位体積あたりの自由電子数は8・5×10^{28}m^{3}です。電子1個の電気量eは1・6×10^{-19}Cなので、平均の速さは7・4×10^{-4}m/sとなります。したがって、ロケット速度でも100m走世界記録でもありません、実は❹カタツムリの速度相当の非常に遅い動きです。

　この自由電子の動きは、導体内に詰まっている自由電子を押し出す「水鉄砲」の原理により、遠くの場所へも瞬時に信号が伝搬します。ただし、実際には、自由電子が作る電場の作用として電流が伝わっています。一方、空間を伝わる電気の波(電波など)では、導体内電子と異なり、❶光の速度で伝わります。

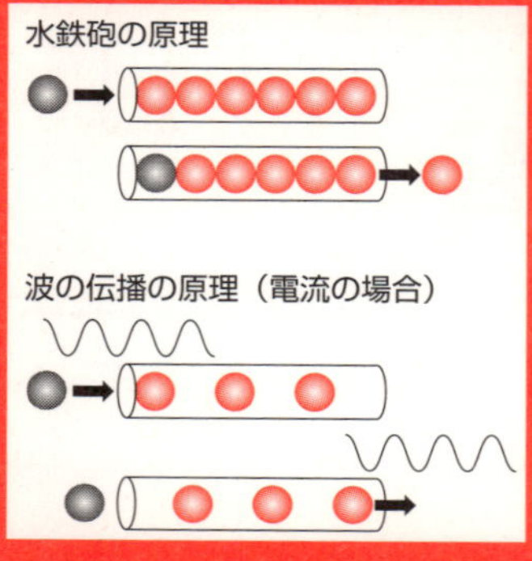

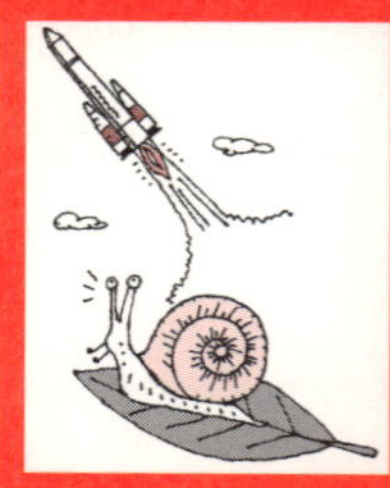

第6章

ハイテクな電子・情報機器
(電子機器工学)

33 いろいろな家電製品は？

3C（3種の神器）の変遷

日本の神話の中で天照大神から授けられたという「三種の神器」は鏡（八咫鏡）、玉（八尺瓊勾玉）、剣（草薙剣）であり、天皇家に代々引き継がれています。この日本古来の3種の神器になぞらえて、いくつかの家電製品のセットが宣伝されてきました。

１９５０年代後半の高度成長期の神武景気や岩戸景気の時代には、白黒テレビ、洗濯機、冷蔵庫があこがれの白物家電（生活家電）であり、この3品目が「三種の神器」として宣伝されました。

また、１９６０年代半ばの高度成長期のいざなぎ景気時代には、カラーテレビ（Color television）・クーラー（Cooler）・自動車（Car）の３種類の耐久消費財が３C家電として「新三種の神器」と呼ばれました。

さらに、日本経済の安定成長期が終り、その後の20年の「失われた20年」と呼ばれる時期の２００３年（平成15年）頃から２０１０年（平成22年）頃にかけて急速に普及したデジタル家電のデジタルカメラ・ＤＶＤレコーダ・薄型テレビは「デジタル三種の神器」と呼ばれました。また、キッチン家電に関連して、白物家電の食器洗い乾燥機、ＩＨクッキングヒーター、生ゴミ処理機を「キッチン三種の神器」と提唱されました。

最近の新生活の家電セットとしては、全自動洗濯機、２ドア冷蔵庫、オーブンレンジ、さらに、マイコン炊飯ジャー、ロボット掃除機、デジタルハイビジョン液晶テレビなどの高価なものもありますが、使いやすい製品が開発されてきています。

最近では、電化製品とパソコン、スマートフォン、ウェラブルデバイス（59）などがインターネットを通じてつながるＩｏＴ環境（18）が整ってきています。洗濯物の自動折りたたみ機などの最新の家事支援ロボットも開発されてきており、「ユビキタス・ロボティックス社会」（62）が到来しつつあります。

●カラーテレビ、クーラー、自動車が3C家電
●デジタル3種、および、キッチン3種の神器
●IoTとユビキタス社会

家電の3種の神器

● 日本の神話の中で「三種の神器」
鏡：八咫鏡（やたのかがみ）
玉：八尺瓊勾玉（やさかにのまがたま）
剣：草薙剣（くさなぎのつるぎ）

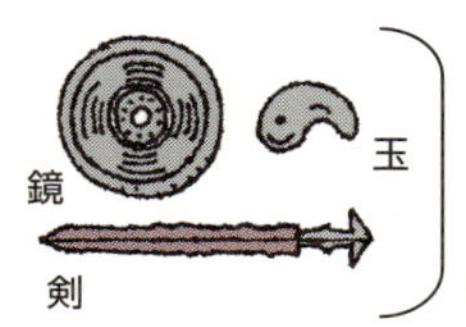

●1950年代後半 ‥‥‥‥‥‥ 白物家電３品

白黒テレビ

洗濯機

冷蔵庫

●1960年代半ば ‥‥‥‥‥‥ 3C

カラーテレビ

クーラー

車

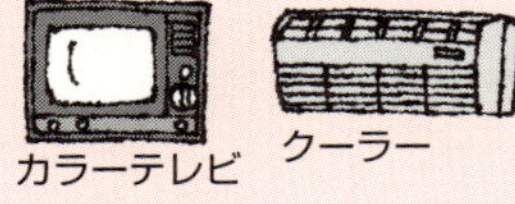

●2003年～2010年 ‥‥‥ 3種のデジタル家電

デジタルカメラ

ＤＶＤレコーダ

薄型テレビ

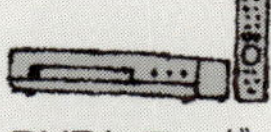

●2004年～ ‥‥‥‥‥‥‥‥‥ 3種のキッチン家電

食器洗浄機

ＩＨクッキングヒーター

生ごみ処理機

34 テレビは4Kから8Kへ？

薄型、大画面、高精細ディスプレイ

近年、テレビは薄型・大型化、高精細化、省エネルギー化などの高性能化が図られてきています。かつてのブラウン管（CRT）に対して、平面パネルディスプレイ（FPD）として、受光型で消費電力の少ない液晶ディスプレイ（LCD）、発光型FPDでは、コントラストが良いプラズマ・ディスプレイ・パネル（PDP）が開発されてきました。最近は、画面の応答が速い有機ELディスプレイ（OELD）や、発光効率の良い電界放出ディスプレイ（FED）の次世代ディスプレイのテレビも誕生しています。

テレビの画面の精細さは画素（ピクセル、pixel）数で表せます。「写真の細胞」を意味する「picture cell」からの造語です。地上デジタル放送で画面の横縦比（アスペクト比）はワイド比型16：9で、かつてのアナログ放送の標準型4：3の画面に比べ30％以上ワイドです。16：9の比率は人間の視野に合った見やすいサイズです。2Kテレビの画面は横1920×縦1080ピクセル（画素）で画面を構成されています。横方向の画素数が2000近くなので「2Kテレビ」と呼ばれています。小文字の「k」は国際標準のSI単位系で1000倍を意味する接頭語ですが、2進法のデジタルのビットまたはバイトの世界では2の10乗は1024であり、これを大文字の「K」で表記しています。一方、「4Kテレビ」は、縦横共に2Kフルハイビジョンの2倍の3840×2160ピクセルであり、「8Kテレビ」は4倍の7680×4320ピクセル（およそ3300万ピクセル）で構成されています。それぞれ横方向のピクセル数がほぼ4000と8000になるので、4K、8Kと呼ばれています。

テレビの画面サイズは対角線をインチ表示しますが、4Kの典型的サイズは50型（幅111㎝×高さ62㎝／対角127㎝）です。テレビは大画面で高解像度の4Kから8K時代へと移っています。

要点BOX

- 平面パネルディスプレイとして、液晶型、プラズマ型、有機EL型、電界放出型
- 解像度は4Kから8K時代へ

テレビのディスプレイの種類

- 陰極線管（CRT:Cathode Ray Tube）
- 平面パネルディスプレイ（FPD:Flat Panel Display）
  - 受光型 ── 液晶ディスプレイ（LCD:Liquid Crystal Display）
  - 発光型
    - プラズマディスプレイ（PDP:Plasma Display Panel）
    - 有機ELディスプレイ（OELD:Organic Electro-Luminescence Display）
    - 電界放出ディスプレイ（FED:Field Emission Display）

液晶（受光型）

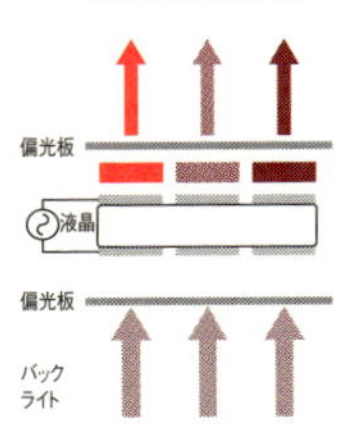

バックライトの透過を液晶を偏光させて制御します。

- ○長寿命
- ○消費電力小
- ▲応答が遅い
- ▲コントラスト悪い

プラズマ（自発光型）

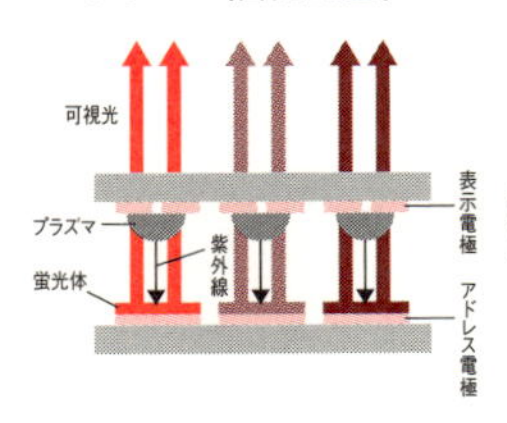

希ガスで放電させて紫外線により蛍光体を光らせます。

- ○コントラスト良い
- ▲消費電力大

有機EL（自発光型）

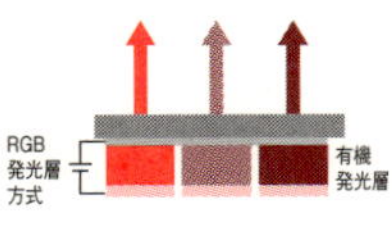

電圧をかけて有機化合物の発光層を光らせます。

- ○消費電力小
- ○応答が速い
- ▲発光効率が悪い
- ▲短寿命

電界放出（自発光型）

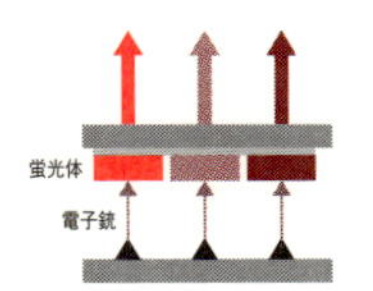

電子銃からの電子により、蛍光体を光らせます。

- ○発光効率が良い
- ○応答が速い
- ▲高真空が必要
- ▲高技術で高価

テレビの解像度の進展

方画面サイズは対角線をインチ表示します（1inch=2.54cm）
水平向に1920画素（ピクセル）～2000～2Kと呼びます

	解像度	画面サイズ（例）	
2K	約200万画素（1,920×1,080 =2,073,600）約2,000=2K	32インチ等	テレビ（HDTV:地デジ等） High Definition TeleVision:高精細テレビ
4K	2Kの4倍 約800万画素（3,840×2,160 =8,294,400）約4,000=4K	50インチ等	映画・実用放送・VOD（Video On Demand）（デジタル制作・配信）
8K	2Kの16倍 約3,300万画素（7,680×4,320 =33,177,600）約8,000=8K	85インチ等	試験放送（2016年開始） 8Kスーパーハイビジョン 2020年の本格普及予定

35 CD、DVD、BDのディスクの違いは?

デジタルデータ記録用光ディスク

音楽や映像を記録するためには、CDやDVDなどの光ディスクが使われています。「光ディスク」とは、円盤(ディスク)に信号を書き込んで情報を記録する記録用媒体です。記録密度が高く、高速検索でき、また再生による劣化がないなどの特長があります。

CDは、Compact Disc(コンパクトディスク)の略であり、デジタル化した音声信号を記録した円盤(直径12㎝のディスク)です。赤外線レーザ光線により非接触で再生します。第1世代光ディスクと呼ばれており、1980年代に登場し、最大700MB程度の容量のディスクです。

一方、DVDはDigital Versatile Disc(デジタル多目的ディスク)の略です。光ディスクにデジタル情報を記録する際の統一規格であり、メディアの種類は複数あります。赤色レーザ光や青色レーザ光が使われています。第2世代光ディスクと呼ばれており、1990年代に登場した片面1層の12㎝ディスクの場合で最大4・7GB程度の容量のディスクです。

光ディスクのリーダ(読み込み)・ライタ(書き込み)装置では、レーザダイオードによりレーザー光を発生させ、ミラーとレンズにより光ディスクにレーザ光を照射します。ディスクからの反射光を光センサで受光して信号を読み出します。CDとDVDの両方を扱える一体型装置では、特定の波長の光だけを反射させるダイクロイックプリズムを用います。

第1世代のCD、第2世代のDVDに次いで、第3世代光ディスクとして、主に2000年代に登場したBD(Blu-ray Disc)などがあります。青紫色半導体レーザーを用いて、片面1層の12㎝ディスクの場合で最大25GB程度の容量があります。片面3層のBDで100GBの容量ですが、さらに、第4世代として、ホログラフの技術による多層化などによるテラバイトの大容量の光ディスクの開発も進められています。

- ●第1、第2世代光ディスクはCD、DVD
- ●第3世代光ディスクは25GBのBD
- ●第4世代はテラバイトの大容量を開発中

光ディスク機器のイメージ図

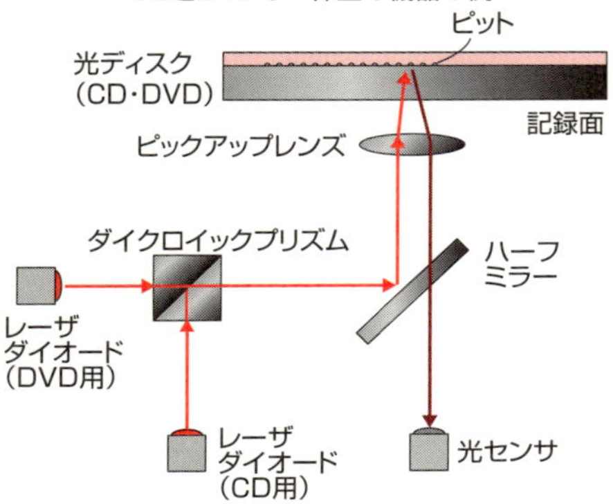

光ディスクの進展

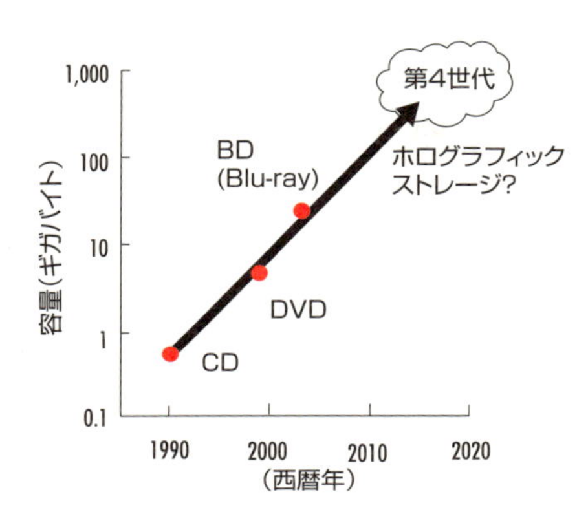

光ディスクの比較

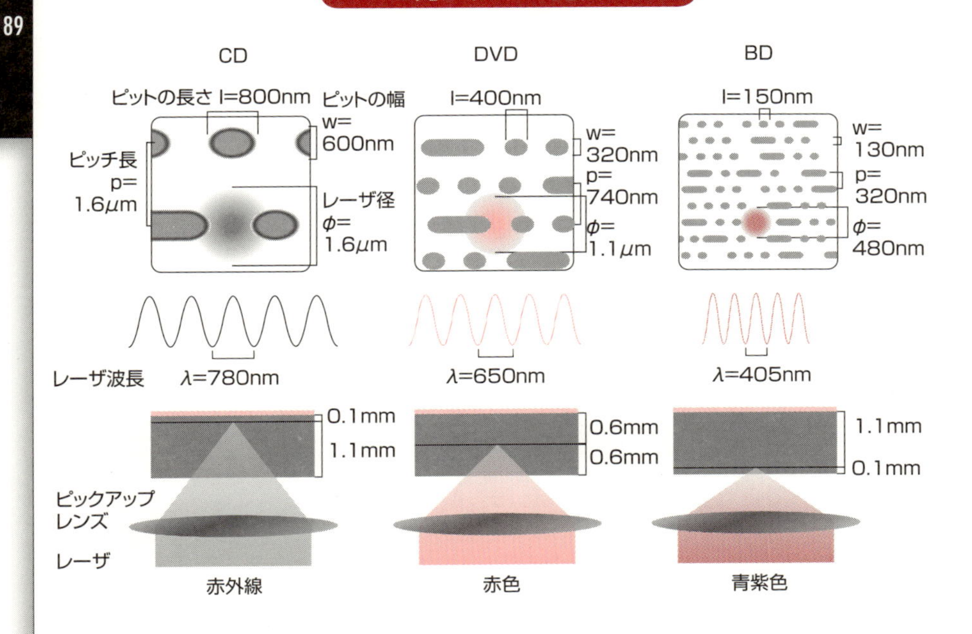

36 無線給電を利用する？

IH調理器、ICカード、自動車給電

家庭では、コンセントから電気をとる際に、ケーブル付きが不便な場合には一般的に電池が利用されます。最近、特に2次電池の充電に、ワイアレスの電力供給（無線給電、非接触給電）が活用されはじめています。無線給電の方法は3つに大別できます。

第1の方法はファラデーの電磁誘導の原理（22）を応用した「電磁誘導方式」です。交流電源のコイルと負荷側のコイルを近づける事で非接触給電ができます。電動歯ブラシ、コードレス電話機、非接触ICカードなどで幅広く用いられています。

第2の方法方式としては、コイルとキャパシタを用いて電磁共鳴現象を利用した「共鳴回路方式」です。少し離れての給電が可能であることが特徴であり、電気自動車の無線給電などに用いられています。

電力を電磁波に変換しアンテナを介して送受信する第3の方式「電波方式」があります。これは遠方への送電も可能な方式であり、夢の発電としての宇宙太陽光発電でのマイクロ波大電力送電の未来技術としても開発されてきています。

オール電化で用いられるIHクッキングヒーターも第1の電磁誘導の方法を利用します。Induction Heater（誘導加熱）の頭文字を用いて「IH調理器」と呼ばれています。現在の高周波方式のIH調理器の原型は1970年代初めに米国や日本の会社で商品化されており、1990年代初期から大幅に普及してきました。耐熱性セラミックス板のトッププレートの下に設置したコイルに交流電流を流し、発生させた変動磁場により鍋底に無数のうず電流を生じさせて、電気抵抗のある鍋底を直接加熱させます。ガスコンロでは熱の50%ほどしか鍋を温める事ができませんが、IHクッキングヒーターでは90%の熱効率となります。さらに、上面がフラットパネルで清潔であり、火を使わず安全面でも優れています。その技術は炊飯器にも応用されてきています。

●ワイアレス電力供給は、電磁誘導方式、共鳴回路方式、電波方式
●IH調理器はInduction Heater（誘導加熱）

ワイアレス給電の例

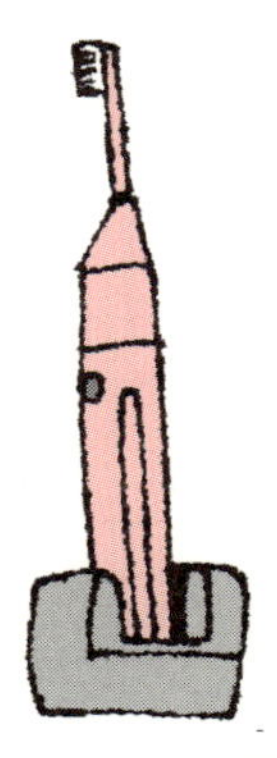

●電磁誘導方式（接近した給電）

ＩＨ調理器、ICカード
電動歯ブラシ充電、
など

●共鳴回路方式（少し離れての給電）

電気自動車の無線給電

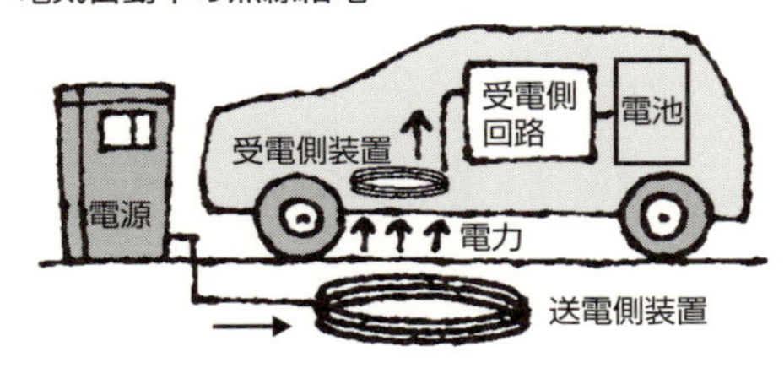

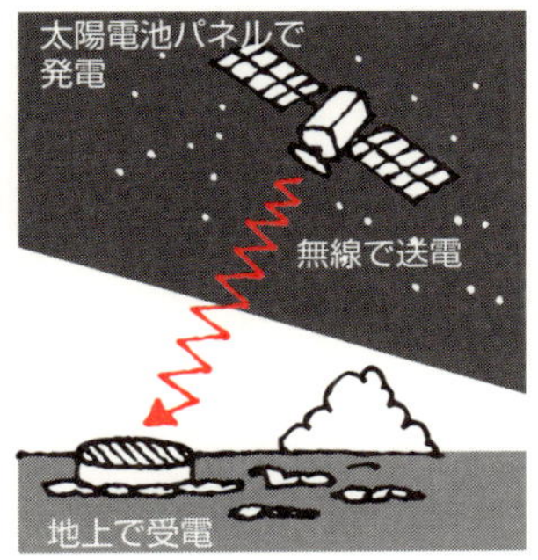

●電波方式（遠方への給電）

宇宙太陽光発電でのマイクロ波大電力送電
（実用化のイメージ）

IHクッキングヒーター

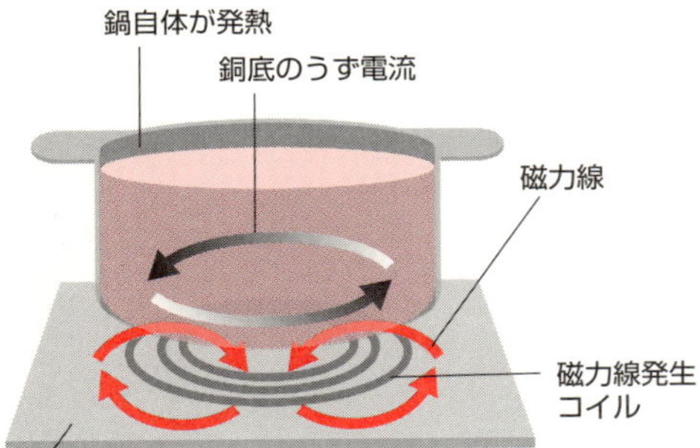

電磁誘導の法則により鍋に生じる渦電流
で鍋自体が効率良く発熱します。

●熱効率の比較

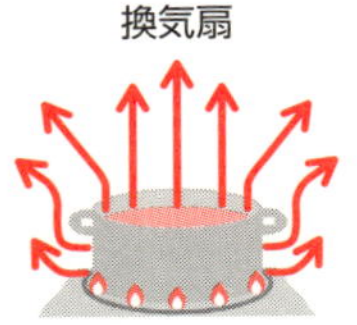

ガスコンロ
熱効率およそ50%

熱がさまざまな方向へ逃げてしまい、半分ほどしか鍋に伝わりません。

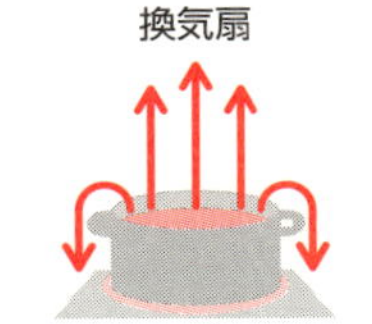

IHクッキングヒーター
熱効率およそ90%

鍋の底に直接、効率良く熱が伝わります。

37 マイクロ波が料理する？

誘電加熱の電子レンジ

電子レンジはさまざまな料理で活躍しています。電子レンジは英語では microwave oven（マイクロウェーブ・オーブン）と呼ばれており、マイクロ波の電磁波とは波長が1００マイクロメートルから1メートルの領域です。実際の電子レンジでは2・45ギガヘルツ（毎秒2・45×10^9回の周波数）が用いられており、波長はおよそ12㎝です。電子レンジのガラス前面には、マイクロ波が漏れない対策のためにおよそ1ミリ間隔の金属の網が設置してあります。

水分子H_2Oは水素原子と酸素原子の結合において電荷が偏っており、水素原子側がプラスで酸素原子側がマイナスの電気双極子の極性を持ちます。電子レンジでは、水分子が共鳴振動する周波数のマイクロ波を当てることで、水の分子振動が激しくなり、水の温度が上がることを利用します。この「誘電加熱」は、水分に対して加熱作用が大きいので、電子レンジとして食品の加熱調理に応用されています。

マグネトロン発振器により作られたマイクロ波が導波管を通って導かれ、加熱すべき食品に照射されます（上図）。加熱室の材質は、ステンレスや亜鉛鋼板が用いられていて。マイクロ波は反射して内部に吸収されません。食品の容器はマイクロ波が透過できるガラスやプラスチックなどを用います。ドアは使用中にマイクロ波が外部に漏れるのを防ぐ構造をしており、ドアが開く際に電源を遮断するシステムが設けられています。マイクロ波による照射が均一に行われるように、食品はターンテーブルによって回転します。電子レンジやアマチュア無線などのマイクロ波の領域は、産業・科学・医療用に比較的自由に使用できる「ISM周波数帯」として国際的に定められています。電子レンジやコンピュータの無線通信（例えばBluetoothやIEEE 802.11系）などは2・45ギガヘルツ帯、ETC（電子料金収受システム）では5・8ギガヘルツ帯が使われています。

要点BOX

- 電子レンジは電気双極子の水分子をマイクロ波で振動させることで加熱
- 2450±50メガヘルツはISM周波数帯

電子レンジの仕組み

●電子レンジの構造

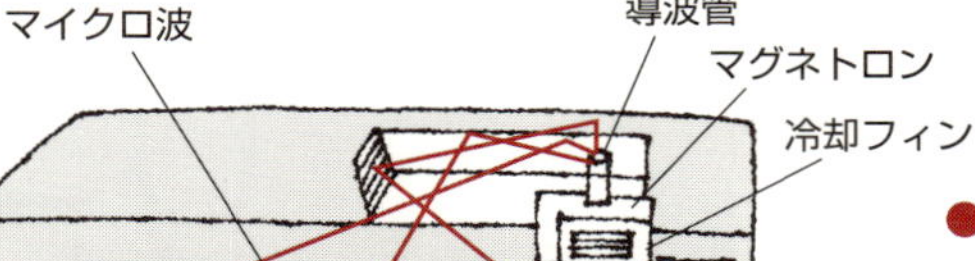

●水分子（H_2O）の分極

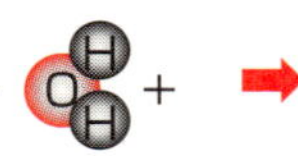

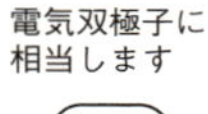

●マイクロ波による誘電加熱

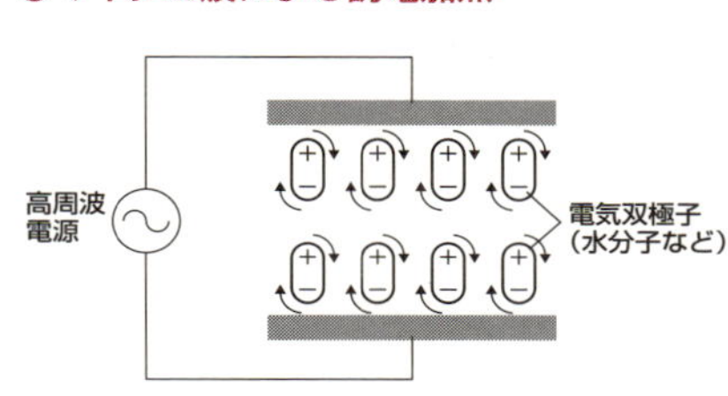

ISM周波数帯

産業科学医療用（Industrial, Scientific and Medical）に、比較的自由に使える周波数帯

短波・超短波	マイクロ波
13.560±0.007MHz 27.120±0.163MHz 40.68 ±0.02MHz	2450±50MHz 5800±75MHz 24.125±0.125GHz

国際電気通信連合(ITU)で決定

●2.45GHz帯の例

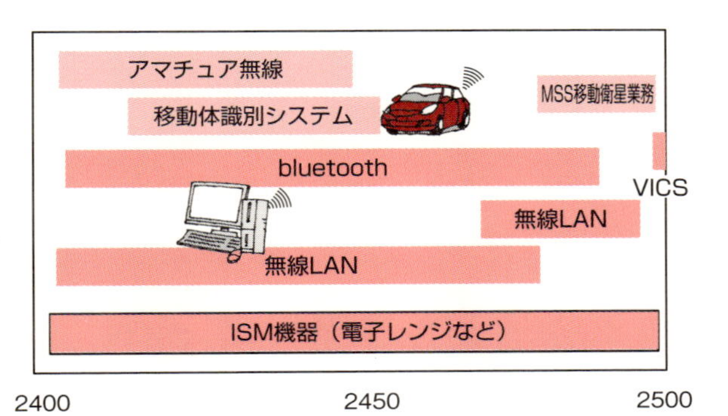

MSS: Mobile Satellite Service（移動衛星業務）
VICS: Vehicle Information and Communication System（道路交通情報通信システム）

38 コピー機のしくみは?

感光ドラムでの静電気利用

静電気を利用した機器として電子複写機（電子コピー機）があり、光と電荷に関連して「感光性半導体」が用いられています。コピー機の構造は、原稿用紙の明暗の情報を読み取る「光学部」と、それを紙に複写する「現像部」とで構成されています。原稿をセットしコピーを開始すると、光源が移動して原稿に光があてられます。現像部では、最初に感光ドラムの表面に高電圧で電荷を帯電させます。次に、光学部から送られた反射光で感光ドラムを露光し、そこにトナー（粉状インク）をふりかけます。トナーは粒径が数ミクロンの樹脂の粉末であり、内部に色素を含んでいます。光が当たると導電性を帯びて電荷がドラム内部に逃げていきますが、受光しない部分には静電気が残ります。トナーには感光ドラムとは逆の電荷が帯電させてあるため、文字情報のある帯電したままの部分に付着し、感光ドラム上に文字や絵が現像されます。さらにそこにコピーされる紙が搬送され、紙には感光ドラムと同じ電荷が帯電させられているため、トナーは紙に吸着し、熱ローラで加熱して原稿の文字が定着・転写されます。

レーザプリンタの仕組みは、静電気を用いる電子コピー機と同じです。カラーの場合には、「光の3原色」と異なり、「色素の3原色」としてのC（シアン）M（マゼンタ）Y（黄）と、3色混合に相当するK（黒）の4色のトナーが用いられます。プリント方式はロータリー方式とタンデム方式があります。「ロータリー方式」では、CMYKの4色が一体となった印刷ユニットを利用し、トナーユニットを4回転させるため、モノクロ印刷の約4倍の時間がかかります。一方、「タンデム方式」では、CMYKの4色のトナーを並列にならべ、色トナーごとに感光ドラムを設けて4色のトナーをほぼ同時に転写ベルトに付着させるので、高速の印字が可能です。ただし、色ズレや色むらが発生しやすいという欠点があります。

要点BOX
- ●電子コピー機は光と電荷利用の感光半導体利用
- ●レーザプリンタも静電気利用
- ●カラーは色素の3原色（CMY）と黒（K）

電子コピー機の仕組み

②感光ドラムの露光
レンズ
③感光ドラムに
トナー付着
①感光ドラム
の帯電
ヒーター
ドラム
紙
⑤トナーを
紙に加熱定着
④感光ドラムの
トナーを紙に転写

①帯電
感光ドラムにマイナスの静電気を帯びさせます。

②露光
光で感光ドラムに映像を描きます。
光の照射箇所は静電気が無くなります。

③現像
感光ドラムにトナーを付着させます。

④転写
用紙の裏からプラス電荷を与えてトナーを用紙に移します。

⑤定着
熱と圧力を加えて、トナーを用紙に定着させます。

レーザープリンタのカラー方式

●光と色素の3原色

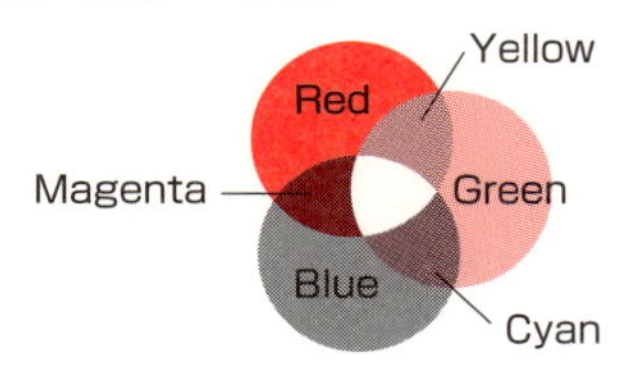

RGB（光の3原色、加法混色）
黒背景に赤と緑を加えると黄

Blue
Cyan
Magenta
Green
Yellow
Red

CMY（色素の3原色、減法混色）
白背景から青を減らすと黄

プリンタでは色素の3原色が用いられ、3色混合の黒（K）を含めた4色が基本です。

●ロータリー方式

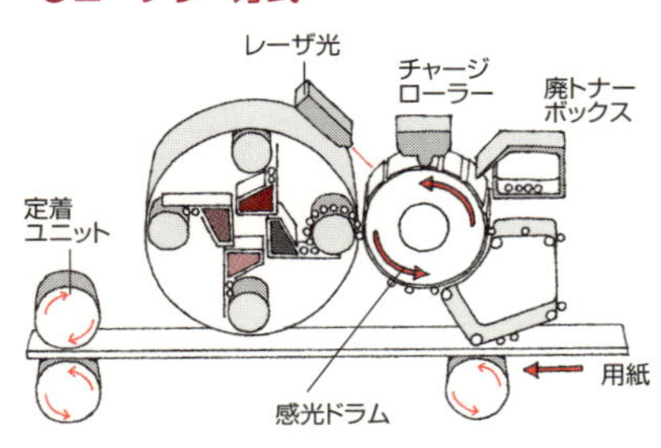

●タンデム方式

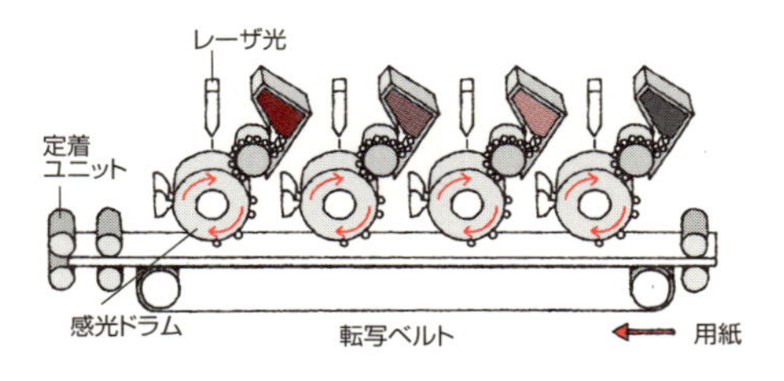

39 電子計算機の内部は？

ハードとソフトの組み合わせ

私たちのまわりには様々なデジタル電子計算機があります。デジタルとは、連続量のアナログに対して、2進法などの数字を使った離散量であり、語源はラテン語の指(digitus)からきています。2進法では1桁で0か1かの2種類の情報を表現できます。これを指におさかえると、1本の指をのばすか曲げるかに対応し、データの最小単位で1ビット(bit)といいます。指8本ならば、情報量は2の8乗個(256個)となり、すべてのアルファベットや数字を表現できます。この8ビットを1バイト(byte)といいます。

コンピュータでは、ハードウェアとしてのメモリ(主記憶装置)にソフトウェアとしてのプログラム(処理手順)をデータとして格納して、これを順番に読み込んで実行していく方式です。

制御と演算はCPU(Central Processing Unit、中央処理装置)により行われ、主記憶装置には半導体メモリのRAM(Random Access Memory)が用いられ、補助記憶装置としてハードディスクなどの物理的記憶装置を使います。ヒューマンインターフェースとして、入力・出力装置が用いられます。

ソフトウェアとは、ハードウェアの実行の手続きを定義したデジタルデータであり、オペレーティングシステム（基本ソフトウェア）とアプリケーション(応用ソフトウェア)の2つに大きく分かれます。

オペレーティングシステム(OS)はハードウェアの基本的な動作を定義します。ハードウェアを効率よく動作させるための複雑な処理を行います。入出力装置や主記憶装置などあらゆるハードウェアにまで処理はおよびます。アプリケーションはOSによって定義された基本動作を利用して、ハードウェアの機能をどのように活用するかを定義します。文書作成、作曲、画像処理、映像編集、インターネットなど多種多様な目的に合わせてアプリケーションが開発されています。

- 計算機のハードウェアはCPU、メモリ、補助記憶装置、入出力装置
- ソフトウェアはOSとアプリケーション

コンピューターハードウェア

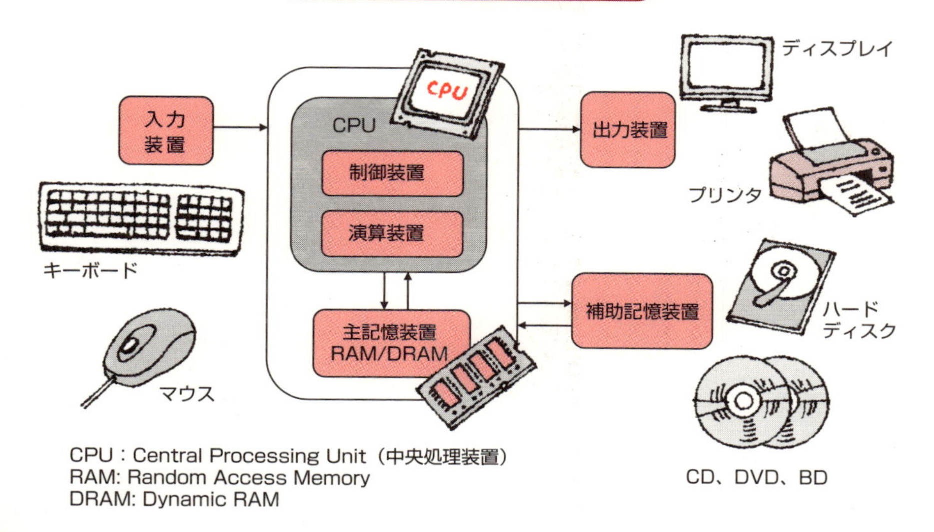

CPU：Central Processing Unit（中央処理装置）
RAM: Random Access Memory
DRAM: Dynamic RAM

コンピュータシステムとソフトウェア

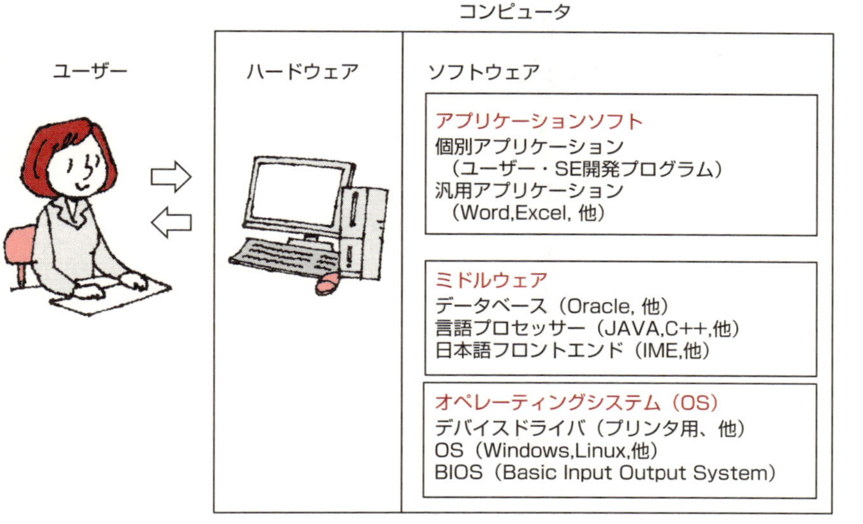

BIOS：マザーボード上のROMに搭載されているプログラム

Column

うそ発見器とは!?（ポリグラフと脳指紋）

科捜研（科学捜査研究所）のテレビドラマなどで俗に言う「うそ発見器」がしばしば登場します。うそ発見器は本当に有効なのでしょうか？

緊張すると手に汗を握ると言いますが、うそ発見には数種類の生理的現象を同時に記録する「ポリグラフ（多用途監視）法」が用いられてきました。犯罪捜査では、おもに呼吸、脈拍、血圧の他に、皮膚電気反射（精神電気反射）などを同時に記録します。情緒的緊張により自律神経（交感神経と副交感神経）の支配下にある発汗がおこるので、皮膚の電気抵抗の変化を測定するのが皮膚電気反射です。通常は手のひら面の2点に電極を置き、その間の皮膚抵抗の変化を測定する方法としての「通電法」があります。あるいは、この2点間の電位変化を測定する方法としての「電位法」もあります。

ポリグラフ検査を行う場合には、被検者の体調が悪くないか、室温は良好か、騒音がないかなどの注意深い配慮が必要です。検査方法には、犯行全体に関して有罪意識があるかどうかの判定を行う「対照質問法」と、犯人しか知らない特定の事実を認識しているかどうかの判定を行う「有罪知識質問法」とがあります。ポリグラフ検査は絶対的ではないので、特別な場合を除いて裁判での証拠にはならないと考えられています。

ポリグラフは、睡眠障害検査で用いられており、睡眠時における脳波、呼吸、あごの運動、眼球運動（レム睡眠とノンレム睡眠）、心電図、胸壁・腹壁の運動などを記録・検査しています。その他、手術中や重症患者の監やスポーツ医学などにも用いられています。

犯罪捜査では指紋検査のように、「脳指紋検査」も開発されてきています。過去に見たり聞いたりして記憶したものを再度見聞きしたときに発生する特別な脳波P300（刺激提示から300ミリ秒後の陽性の電圧変位）を利用するものです。医療電子工学や電気生理学の知見が大いに活用されています。

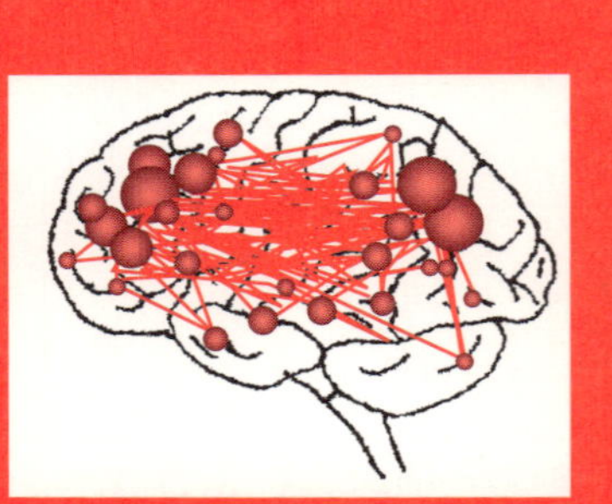

脳指紋
機能的MRIによる脳マッピング

第7章

頼もしい電気・動力機器
（電気機器工学）

40 静電気は強力か？

電気集塵、塗装、殺菌

電荷のプラスとマイナスが引き合う力（静電気力）を利用する機器はいろいろとあります。電荷を帯びてない物質では、高電圧をかけて放電し、電離した気体（プラズマ）を作り、これを利用します。

環境保全に必要な「電気集塵機」はこの静電気の原理を使っています。接地された2つの板電極の中央に小さなボール電極または細い線電極を置き、大気圧中で負の高電圧（マイナス45～マイナス90キロボルト）をかけると、コロナ放電（局所破壊放電）により青白いプラズマがボールや細線の電極の近くに作られます。この大気放電中に塵を含んだガスを流すと、放電で作られた電子により塵の微粒子が負に帯電して正の電極に吸い付けられます。これにより、きれいな空気を保つことができます。正電極に堆積した塵は、定期的に除去します。火力発電所からの燃焼ガスの処理のために、大きな電気集塵機が設置されています。

家庭用には同様の原理を用いて「空気清浄器」として多数の小型製品が販売されています。タバコの煙やほこりなどを除去して、きれいな空気を保つのに広く利用されています。静電気利用には、局所的に高い電圧を利用しますが微弱電流しか流れず、消費電力は大きくはありません。

静電気を利用した他の例として、「静電塗装」があります。塗料を入れた噴霧器に負の高電圧をかけて塗料の微粒子を負に帯電させます。噴霧器は回転させて、コロナ放電しているノズルより空気と共に一様な微粒子を噴霧させます。塗料の微粒子は、物体の電位にしたがって付着します。静電塗装では塗料の節約や隠れた部分の塗装が可能です。自動車、車両、電気製品の大量一貫生産の工場で広く用いられています。さらに、静電気の利用としては、「静電植毛」や「静電複写」（38参照）があり、カーペットの製造、コピー機での転写、等の私達の生活の隠れたところで静電気が役立っています。

要点BOX
- 火力発電所用の大型「電気集塵装置」から家庭用の小型「空気清浄器」まで
- 静電塗料、静電植毛、静電複写

静電気集塵機の原理図と実際

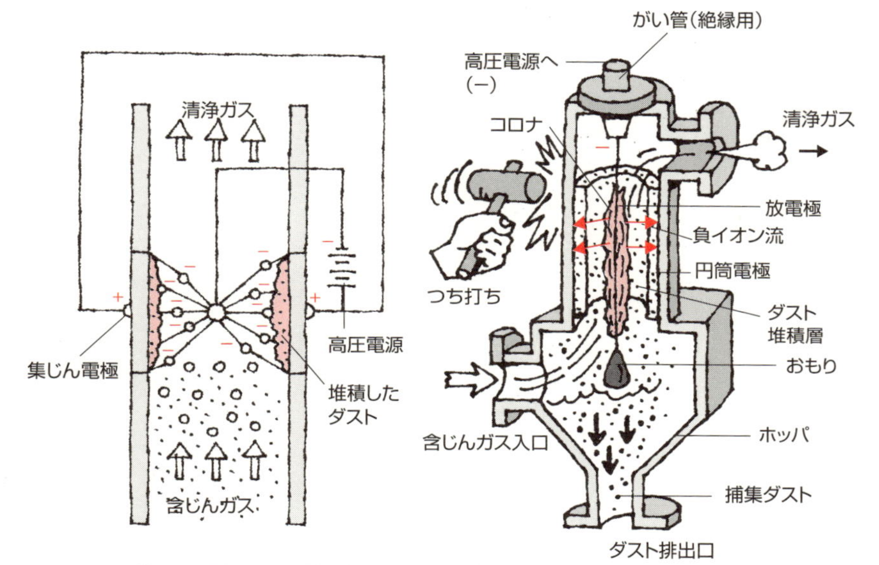

コロナ放電で電離させ、静電気力を用いて空気清浄をいます。 小型の家庭電化用品は「空気清浄器」として、 発電所用などの大型のものは「電気集塵装置」として利用されています。

静電塗装

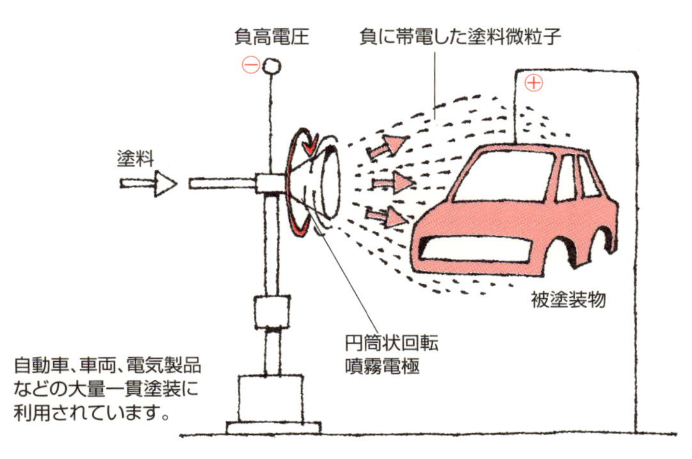

自動車、車両、電気製品などの大量一貫塗装に利用されています。

車体を正に帯電させ、静電気力を利用して、負の塗料微粒子を吹き付けます。

41 電気が回転をつくり、回転が電気をつくる？

電動機と発電機

エネルギーは様々な形態に変化させることができます。電気エネルギーと力学エネルギーの変換もその一つです。電気を使って回転力を得る機械が電動機（モータ）であり、逆に、回転から電気を得る機械が発電機（ダイナモ）です。これらの原理を発見したのは英国のマイケル・ファラデーです（22参照）。

固定された磁石による磁場の中に電流を流すとフレミングの左手の法則に従って電流導体に電磁力が加わります。ループになった電流では左右で力の向きが逆になり回転力が発生します。流す電流の向きを整流子により変化させると一定の方向に回転します。電気エネルギーを回転の力学エネルギーに変換されたことになります。

一方、一定の磁場中にあるコイルを回転させると、コイルを貫く磁束が変化し、ファラデーの電磁誘導の法則によりコイルの両端に電圧（誘導電圧）が発生します。誘導起電力の方向はフレミングの右手の法則に従っています。

実際の機器では、外側の永久磁石のかわりに、コイル電流により極性を変化できる電磁石を用いるのが一般的です。中心の回転する部品（回転子、ロータ）には永久磁石または電磁石を用いる「同期電動機（同期モータ）」と、かご型回転子に流れる誘導電流を利用する「誘導電動機（誘導モータ）」とがあります。誘導モータはフランスのフランソワ・アラゴが1828年に発見した「アラゴの円盤」の原理によるもので、アルミや銅の非磁性金属の円盤の近くに設置した磁石を回転すると、それに伴って同じ方向に円盤が回転する現象です。同期モータでは小型化で高効率の設計が可能ですが、始動時の運転に工夫が必要です。一方、誘導モータではやや大型で効率も少し落ちますが、高速動作が容易となります。同期モータは電気自動車に、誘導モータは、新幹線車両をはじめとする電気機関車などに利用されています。

要点BOX

- 電動機と発電機とは逆のエネルギー変換機
- 同期モータは電気自動車で、誘導モータは電気機関車で利用

電動機と発電機の比較(直流型)

●電動機(モーター)

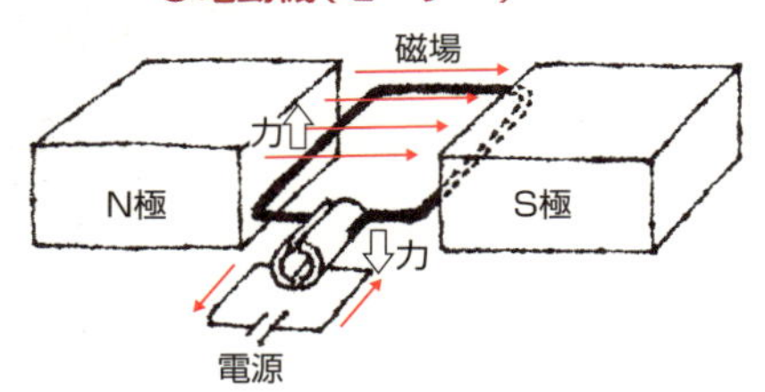

●発電機(ダイナモ)

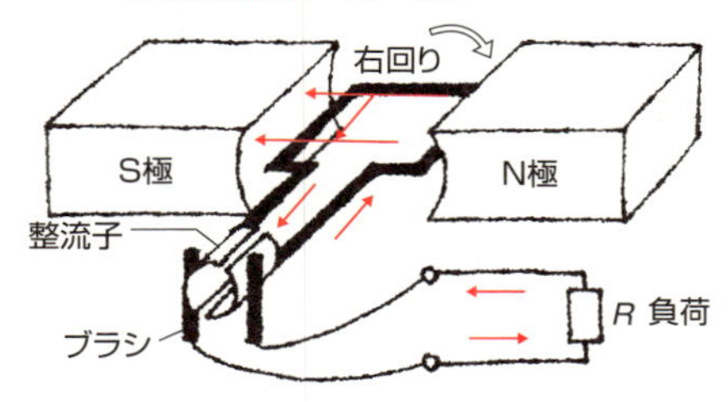

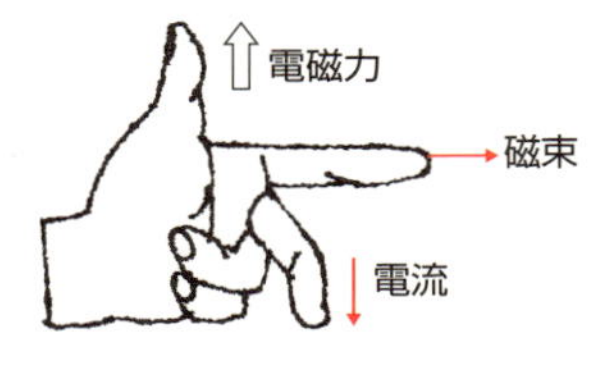

フレミングの左手の法則

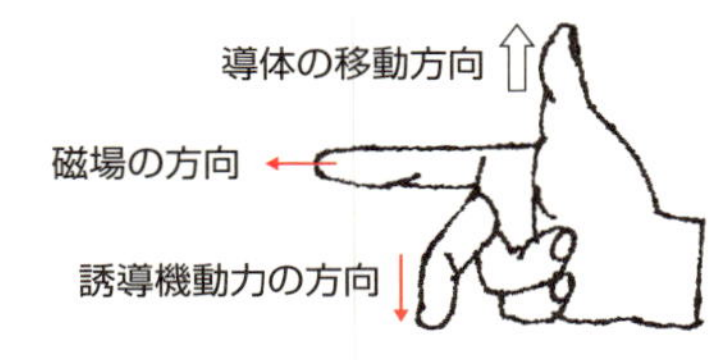

フレミングの右手の法則

同期型と誘導型の比較

●同期モータ

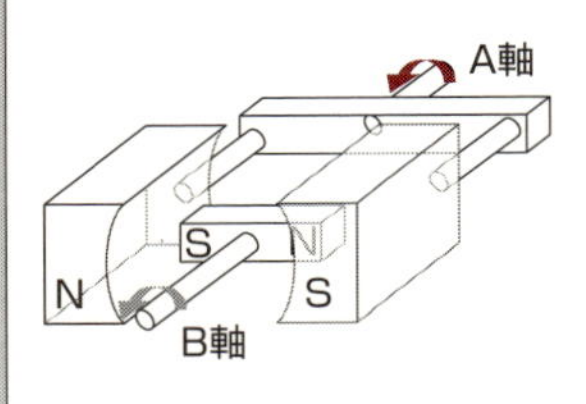

永久磁石の回転子(B軸)と外部磁石の回転(A軸)とが作用してB軸が回転します。外部磁石の回転は交流電磁石でつくられます。

●誘導モータ

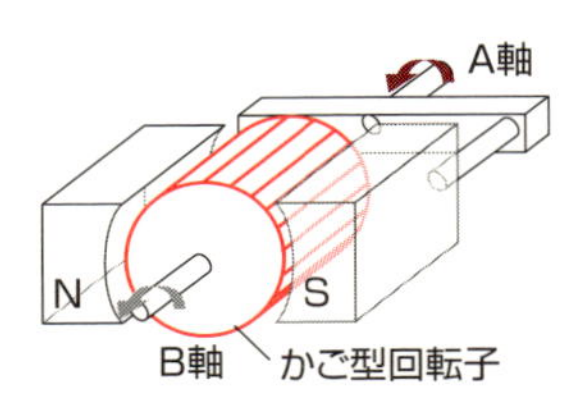

アラゴの円盤の原理により、かご型の回転子(B軸)に誘導電流が誘起され、外部磁石の回転(A軸)との作用でB軸が回転します。

(参考)アラゴの円盤の原理

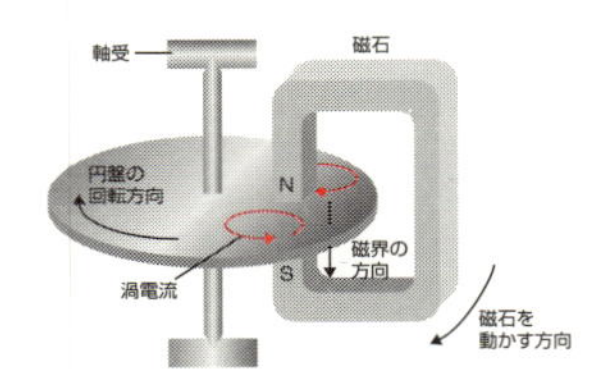

静止した非磁性の金属円盤に回転する磁石を取り付けると、回転の前方には磁場の増加を妨げる電流が、後方には磁場の減少を妨げる渦電流が円盤に誘起され、円盤が回転し始めます。

42 電気で熱をつくる?

抵抗加熱とヒートポンプ加熱

導線に電流が流れると電気抵抗により導体内に熱が発生します。これは「ジュール熱」と呼ばれ、熱の発生には「電熱線」が用いられます。発生する熱量は抵抗に比例し、電流の2乗に比例します。家庭用の100Vで1kW(キロワット)の電熱器では、抵抗Rが10Ωで電流Iが10A流れており、時間tの場合のジュール熱はRI^2tとなり、1秒間では1kJ(キロジュール)で240cal(カロリー)の熱量が得られます。ペットボトル1ℓの水(1kgの水)を温度10度上げるには42kcal必要なので、理想的には3分間の通電で10度上昇が可能となります。電気ケトル(保温機能なし)、電気ポット(保温機能あり)、電気カーペットやセラミックヒーター(電気ストーブ)などでは、この電熱線での抵抗熱が用いられています。

エアコンの暖房は電熱線とは別の方式で運転されています。室外の空気からエネルギーを吸収し、それを室内に移動させて暖房に利用する方式であり、「ヒートポンプ」と呼ばれています。電熱線による電気ストーブと異なり、システムの動力源に電気を使い大気の熱を移動させるだけなので、電力消費が少なく、高効率の暖房システムです。

一般に液体が気化するときにはまわりから熱(気化熱)を奪い、逆に気体が凝縮して液化するときには熱(凝縮熱)を発生します。スプレー缶を使うと気化熱で缶が冷えたり、吸湿発熱繊維(ヒートテックなど)での発汗時の凝縮熱で保温できたりする現象です。この性質を利用して、熱量を運ぶ「冷媒」として代替フロンなどをもちいて、暖房時には圧縮機(コンプレッサ)により高圧・高温の圧縮液を作り、室内で熱交換させ、室外機でこの液を膨張させて外気よりも低温にします。熱交換して室外空気の熱を取り込みコンプレッサに戻して熱を移動させます。ヒートポンプ式エアコンの冷房は、熱の移動を暖房とは反対のサイクルで行います。

要点BOX

- ●電熱線によるジュール熱での抵抗加熱
- ●ヒートポンプ加熱は熱の移動による暖房
- ●圧縮機の電力のみで5倍以上の外気熱量利用

抵抗加熱による電熱器

電熱器　セラミックファンヒーター

ニクロム線(*)利用

アルミナヒーターまたは窒化ケイ素ヒーターなどを利用

電熱器の他、オーブントースターや電気カーペット、電気毛布、電熱線ヒーター式床暖房、セラミックファンヒーターなどに抵抗加熱による発熱体が使われています。

(*)ニクロムはニッケルとクロムの合金です

●発熱体の電気抵抗率

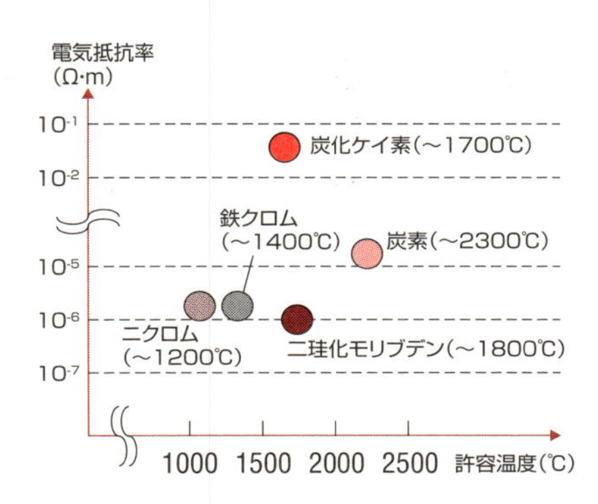

上記は空気中での許容温度であり、この温度を超えると溶融または燃焼の可能性があります。

ヒートポンプによるエアコン暖房

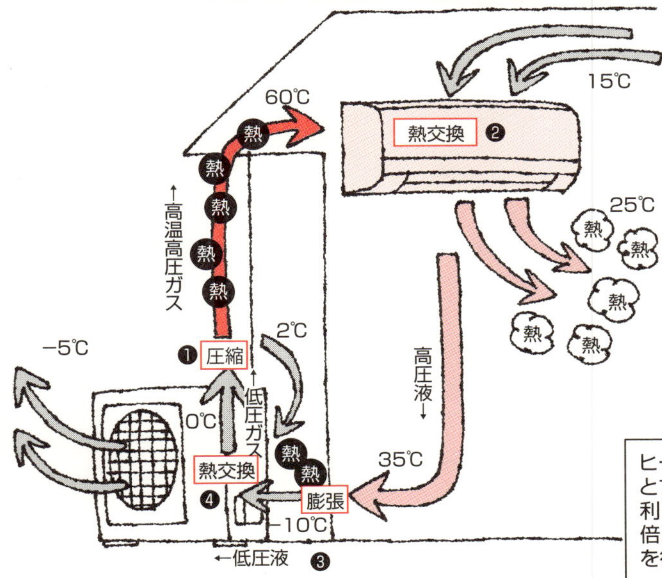

❶圧縮機により、0℃の冷媒を圧縮加熱して60℃にします。
❷60℃の冷媒は、室内の熱交換機で35℃になります。その際、15℃の室内空気を25℃に加熱します。
❸膨張弁により、35℃の冷媒を−10℃に膨張冷却します。
❹外気との熱交換で、−10℃の冷媒は0℃となります。その際、外気は0℃から−5℃に冷却されます。

ヒートポンプの電力を1とすると、外気の熱量を利用して、全体として5倍以上の熱エネルギーを得ることができます。

ヒートポンプは、冷蔵庫、エコキュート(自然冷媒ヒートポンプ給湯機)などにも利用されています。

43 効率の良い照明をつくる？

白熱電球と蛍光灯、LEDランプ

「白熱電球」では電流による抵抗の温度上昇による発光を利用しています。電球の中のタングステンのフィラメント温度は2千～3千度になります。白熱電球は構造が簡単で安価ですが、多くのエネルギーが熱になってしまい、照明のための電気効率が良くありません。

「蛍光灯」は熱損失が少なく効率の良い光源です。アルゴンガスと少量の水銀が封入されていて、コイル状の電極から放出された電子が水銀蒸気の原子に衝突して紫外線を発生します。紫外線は目には見えませんが、これを蛍光体にあてて可視光に変換しています。

ネオンサインで用いられるのは数百分の1気圧の低圧のグロー放電ですが、1気圧程度の高圧のアーク放電では「高輝度放電（HID）ランプ」が作れます。ナトリウムを用いた黄橙色の光の高圧ナトリウムランプが効率の良いランプとして普及しています。

「LEDランプ」は発光ダイオード（LED, Light Emitting Diode）を用いた現在の主力照明器具です。白熱電球に比べて寿命が40倍長く、消費電力も10分の1で、発熱も少ないという長所があります。

LEDでは、順方向に電圧をかけると、電子がp型領域へ、正孔がn型領域に流れ、電子と正孔が結合して電子が高い軌道から低い軌道に落ちて光が放射されるのです。ランプの色を決めるのは、軌道の差（エネルギー準位の差）であり、材料によって決まります。

1960年代に赤色LEDが開発され、緑色も実現しましたが、青色は開発が遅れていました。「窒化ガリウム」を用いて青色LEDの発明が電気工学者の赤崎勇、天野浩、中村修二の3名によりなされ、光の3原色による白色のLEDが作れるようになり、その成果に対して2014年にノーベル物理学賞が贈られました。

要点BOX
- ●LEDランプは高価だが省エネで総合的に安価
- ●青色LED発明の赤崎、天野、中村の3氏にノーベル賞授与

ボール型照明機器の構造

●白熱電球

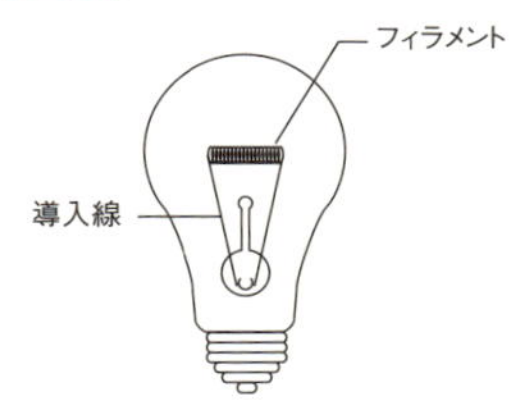

導入線で支えられているフィラメントは2000〜3000℃の高温となり白熱化します。特別な点灯回路が不要です。

●蛍光灯

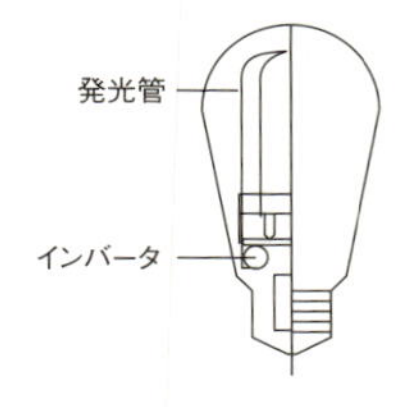

電球型蛍光灯の例であり、点灯回路にはインバータを採用し、高効率で軽量化となっています。放電により水銀から紫外線を発生させ、発光管に塗ってある蛍光物質が紫外線を受けて発光します。

●高圧ナトリウムランプ

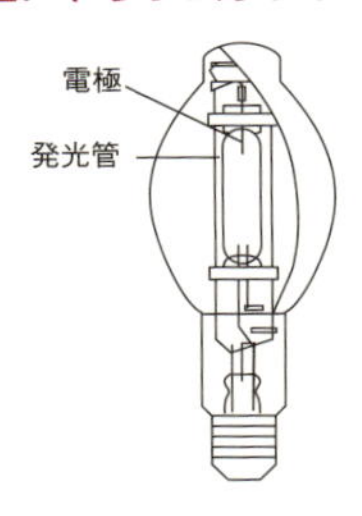

高輝度放電灯(HIDランプ)であり、発光管の両端にある電極で放電させて発光物質のナトリウムを光らせます。大規模照明に最適です。

●LEDランプ

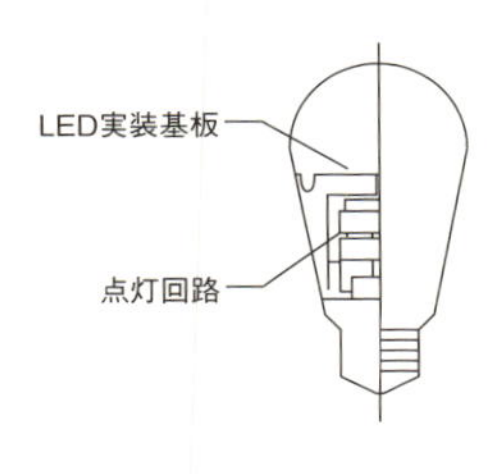

LEDの青色光と、その光で励起される補色の黄色を発光する蛍光体の組み合わせで白色を作り出します。白熱電球に比べて10倍から20倍、電球形蛍光ランプと比較しても約2倍と長寿命です。

照明器具の発光効率の推移

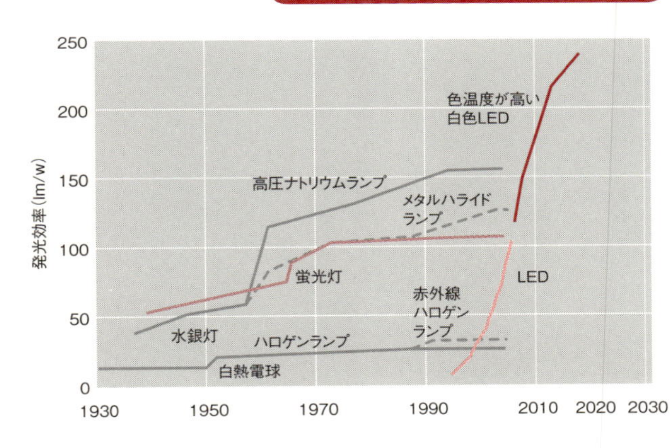

白熱電球から蛍光灯、そして高圧ナトリウムランプと発光効率は増加しています。近年は、白色のLEDランプが1Wあたり250lm(ルーメン)の発光効率が可能となっています。lm(ルーメン)は光束の単位です。

出典:https://www.nap.edu/read/12621/chapter/4#82

44 電気による化学反応と逆反応利用とは？

化学反応は熱、光などのエネルギーにより、電子が移動して原子・分子やイオンの結合が変化する反応です。電気と化学との関わり合いは、1771年のガルバーニのカエルの脚の実験と1800年のボルタの電池(50参照)とから始まりました。

電気による化学反応促進の工業応用としては、電気めっき、アルミニウムや銅の電解精錬、水素製造のための電気分解などがあります。逆に、化学反応により化学エネルギーを電気エネルギーに変える発電・蓄電の機器は「化学電池」と呼ばれます。

一般的に「電池」とは化学反応や物理反応によりエネルギーを直流電力に直接変換する機器の総称です。「物理電池」は光や熱のなどのエネルギーを電気エネルギーに変換する装置であり、太陽電池(27参照)が代表例です。

化学電池は、一次電池と二次電池および燃料電池(28参照)に分けられます。「一次電池」は使い捨ての電池で、乾電池やボタン電池が代表的です。古くからある安価なマンガン乾電池とより長時間利用可能なアルカリ乾電池の断面を上図に示しました。亜鉛の筒をマイナス極、中心に入っている炭素棒や酸化マンガンをプラス極として、内部に充填した電解質が反応を促進してマイナス極からプラス極へ電子を動かします。

「二次電池」は充電して繰り返し使用できる蓄電池であり、自動車のバッテリーの鉛蓄電池が代表例です。また、ニッカド電池、ニッケル水素電池、リチウムイオン電池など、ポータブル機器用に使われる電池も代表的な二次電池です。特に、リチウムイオン電池は携帯電話から電気自動車まで、様々な電池が使われています。大電力用には安価なナトリウム・硫黄(NAS)電池が使われています。出力の不安定な再生可能エネルギーの系統安定化用の蓄電池として、用いられています。

要点BOX
- ●電気めっきやアルミニウム電解精錬
- ●化学電池は1次電池と2次電池
- ●リチウムイオン電池は携帯電話、電気自動車に

電池の分類と乾電池の構造

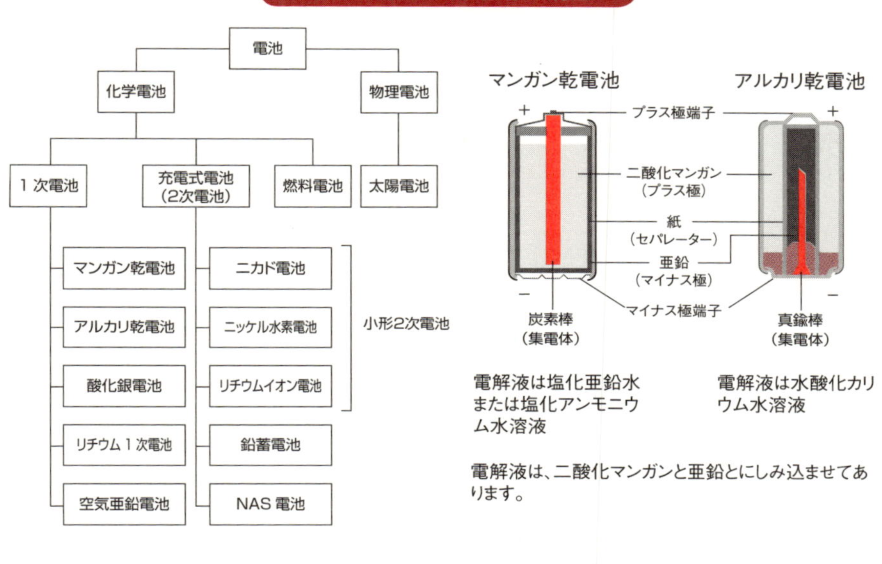

主な蓄電池の種類

	鉛蓄電池	ニッカド電池 (Ni-Cd)	ニッケル水素電池 (NiMH)	リチウムイオン電池	ナトリウム硫黄電池 (NAS)
主な用途	自動車用バッテリ	電動工具 コードレスフォン	乾電池互換蓄電池 ハイブリッド自動車	携帯電話 小型ノートPC デジカメ 電気自動車	揚水発電、電力貯蔵 風力・太陽光発電
特徴	○大電流を得やすい 安価、長寿命 ▲非常に重い	○大電流を得やすい ▲環境負荷（Cd）	○大電流を得やすい ▲寿命が短い	○エネルギー密度が大きい（軽量、コンパクトで大容量） ○充放電効率が高い	○大電力用安価 ○鉛電池の約3倍の高エネルギー密度 ▲高温での運転（300℃）
エネルギー密度 (Wh/kg)	30～50	70	80～100	140～170	100 ～ 130
充電サイクル数 (寿命)	4,500	3,000	2,000	3,500	4.500
コスト(目安) (円 /kWh)	5 万	–	10 万	20 万	4 万

45 環境にやさしい自動車は？

EV,PHV,CDV,FCV

1970年代のマイカーブーム以降、自動車が急増し、現代社会では車は不可欠となっています。現在の燃料の主流はガソリンですが、その排気ガスが酸性雨の原因となる窒素酸化物（NO_x）の排出の半分を占めています。汚れた排気ガスを全く排出しない、あるいは、少量しか排出しないクリーンエネルギー車（CEV）の開発が進められていますが、本体価格が高いため、普及がなかなか進みませんでした。そのため、ガソリン車との価格差をなくし、電気自動車などの普及を促進する目的で「クリーンエネルギー自動車等導入促進対策費補助事業」（通称、CEV補助金、クリーンエネルギー自動車補助金）という国の補助金制度が始まり、平成30年度現在も続けられています。対象となる車は以下の4種類です。

「電気自動車（EV）」は、軽量で高エネルギー密度の新型電池からの電気でモータを動かして走ります。現在の電気自動車では、ガソリン車と比較して、走行距離に対しての維持費が安いというメリットがあります。しかし、1回の充填当たりの走行可能距離が短いことや、充電時間が長いこと、バッテリー交換が高価であることなどが課題です。

「プラグインハイブリッド車（PHV）」は従来のエンジンと電動モータとを効率良く切り替え、しかも、家庭の電気からも充電できる優れものです。

粒子状物質（PM）や窒素酸化物（NOX）の排出量が少ない「クリーンディーゼル車（CDV）」も環境保護の観点からも推奨されています。

最後に、クリーン車の本命と注目されているのが燃料電池（28参照）で発電した電気でモータを動かして走る「燃料電池車（FCV）」（63参照）です。2014年にはトヨタから「MIRAI」が発売されており、今後は、ガソリンスタンドのように、電気や水素ステーションのインフラ整備の進展が期待されています。

要点BOX
- ●次世代車は、電気自動車、プラグインハイブリッド車、クリーンディーゼル車、燃料電池車
- ●電気や水素ステーションの整備が不可決

クリーンエネルギー車(CEV)の比較

ＣＥＶ補助金の対象となっている４種の次世代自動車

●電気自動車
（EV、Electric Vehicle）

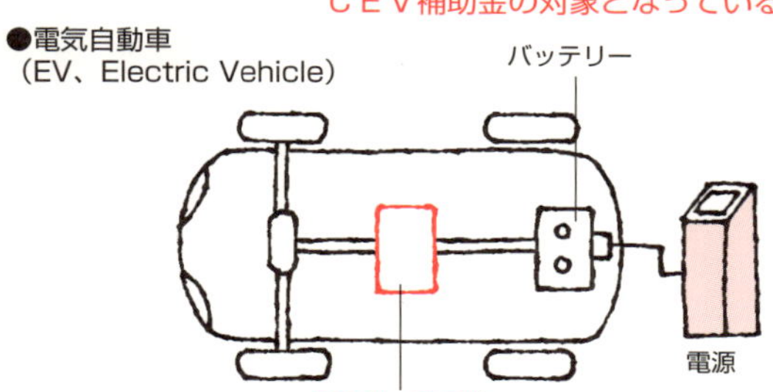

外部電源から車載のバッテリーに充電した電気を用いて、電動モータを動力源として走行するＣＥＶです。ガソリンを使用しないため、走行時の２酸化炭素排出量はゼロです。一般的に、充電時間が長く、走行可能距離が短いのが課題です。

●プラグインハイブリッド自動車
（PHV、Plug-in Hybrid Vehicle）

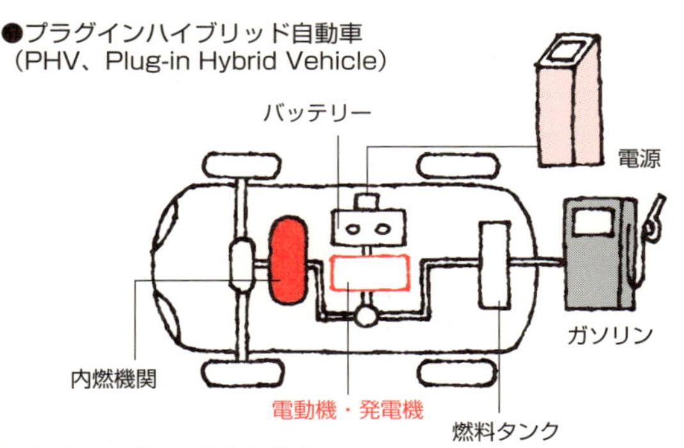

電気自動車とハイブリッド自動車の長所を合わせたＣＥＶです。直接コンセントから充電することもでき、その電気を使い切っても、そのままガソリンを用いた自動車として走行することができます。電池切れの心配がなく、遠距離でも安心して走行できます。

●クリーンディーゼル自動車
（CDV、Clean Diesel Vehicle）

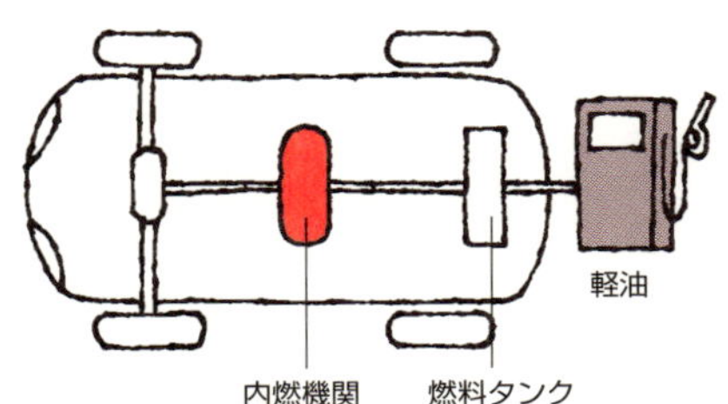

ガソリンより価格の安い軽油を燃料として使用するCEVです。技術革新により、粒子状物質（PM）や窒素酸化物（NOx）などの排出量も少なくなり、排ガスはクリーンになりました。ガソリン車と比較して約30％燃費効率が良く、二酸化炭素の排出量が少なく、力強い加速も可能です。

●燃料電池自動車
（FCV、Fuel Cell Vehicle）

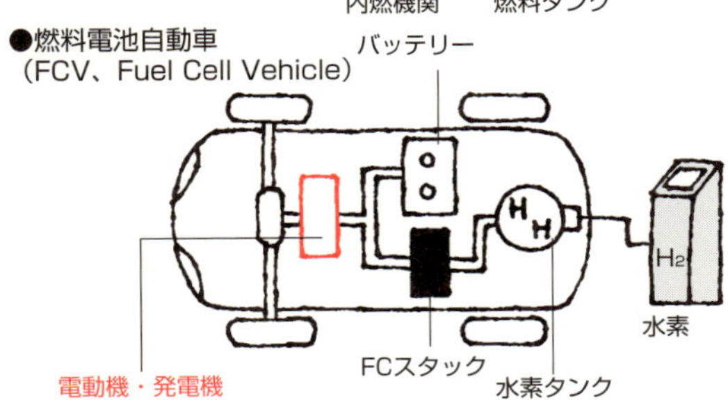

水素と空気中の酸素を化学反応させて電気を作る燃料電池（ＦＣスタック）を搭載し、そこで作られた電気を動力源としてモータで走行するＣＥＶです。燃料となる水素は多種多様な原料から作ることができます。走行中に排出されるのは、水のみで二酸化炭素の排出はゼロです。ガソリン車と同じく短時間で燃料充填が可能ですが、水素ステーションの普及が課題です。

46 リニア新幹線は浮上する？

超電導コイルによる磁気浮上

中央リニア新幹線は、2027年に東京・品川から名古屋まで、2037年には大阪までの延長予定の超電導磁気浮上式リニアモータカー（略して超電導リニア）の計画です。超電導リニアは、車両に搭載した超電導磁石と地上コイルの間の磁力によって、車両を約10㎝浮上させ、時速505キロメートルの最高速度で走行予定です。

従来の鉄道車両のモータは磁石の力を利用して回転させるものですが、これを直線状に引きのばしたものが「リニアモータ」です。このモータの内側の回転子が車両に搭載される超電導磁石、外側の固定子が地上のガイドウェイ（軌道）に設置される推進コイルに相当します。超電導リニアでは超電導コイルを用いて、車両の浮上、案内、推進を行います。

車両を浮上させるために、走行路となるガイドウェイの側壁内側に、8の字の形をした浮上用コイルが取り付けられています。このコイルの中心から数㎝下側を車上の超電導磁石が高速で通過すると、コイルに電流が誘起されて一時的に電磁石となり、8の字の下のループに超電導磁石を押し上げる力（反発力）と、8の字の上のループに引き上げる力（吸引力）が発生し、車両を浮上させます。

左右向かい合う浮上コイルは、走行路の下を通してループになるように繋がれています。走行中の車両（超電導磁石）が左右どちらかに偏ると、このループに電流が誘起されて、車両が近づいた方の浮上コイルには反発力が、車両が離れた方の浮上コイルには吸引力が働き、車両を中央にガイド（案内）します。

超電導コイルの車両の推進には、磁石どうしの反発力と吸引力を利用します。ガイドウェイの両側の側壁に並べられた推進用のコイルに、電流（三相交流）を流すと、ガイドウェイに移動磁界が発生します。車上の超電導磁石がこれに引かれたり、押されたりして車両は進みます。

要点BOX
- ●リニアモータは直線状に伸ばしたモータ
- ●側壁に移動磁界型の推進用コイルと左右8の字型の浮上用・案内用コイルとを設置

リニアモータの概念

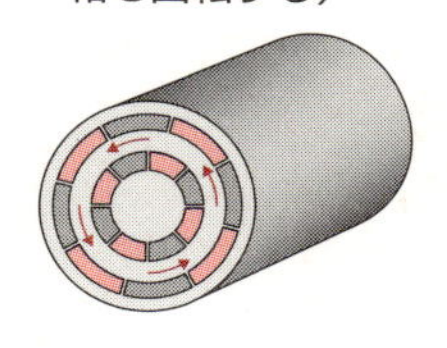

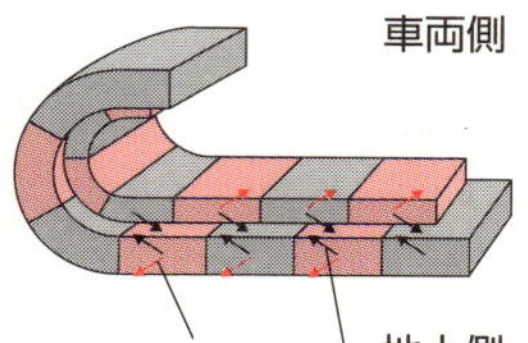

リニアーモータは、通常の回転モータを、直線に伸ばした構造と考えることができます。

磁気浮上・案内・推進のしくみ

●浮上・案内コイルと推進コイル

車両（超電導磁石）が高速で走行した場合に、浮上・案内コイルに電流が流れます。
推進させるには、推進コイルに電流を流します。

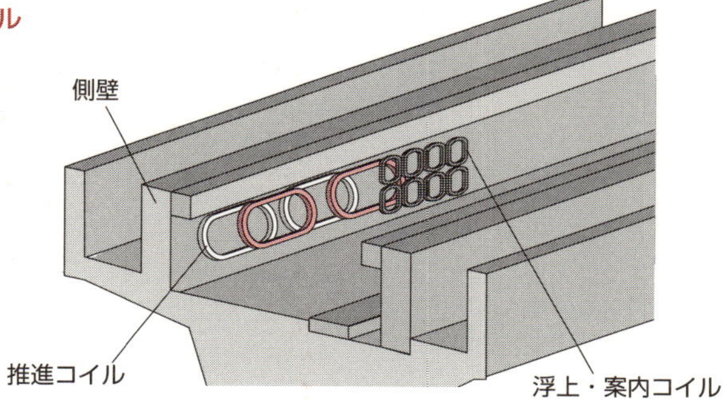

●浮上の原理

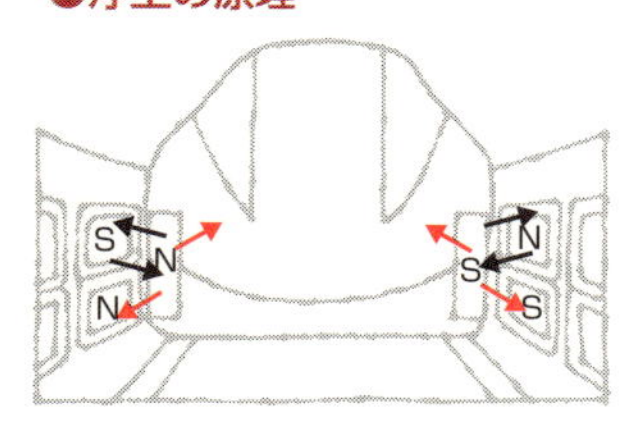

走行時に側面のコイルに流れる誘導電流により吸引力（黒矢印）と反発力（赤矢印）とを併用します。（側面浮上方式）

●案内の原理

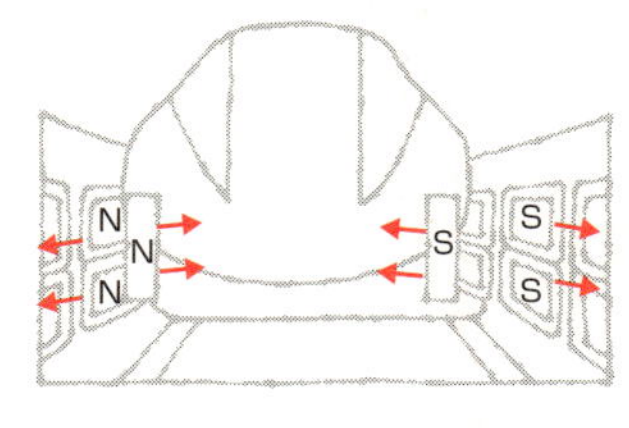

左右の浮上・案内コイルは、連結されており、車両が左右どちらかにずれると、常に中央に戻す力が働きます。

●推進の原理

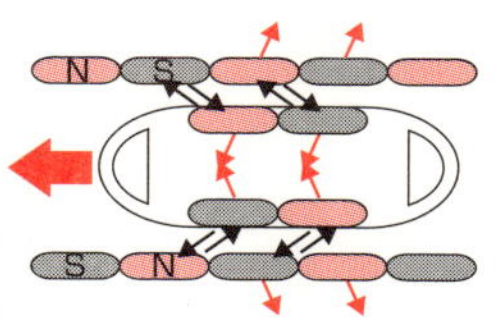

地上の推進コイルに電流を流してN極、S極を発生させ、車両の超電導磁石との間の吸引力（黒矢印）と反発力（赤矢印）により車両を推進します。

Column

電気が新しい粒子を発見する!?（大型粒子加速器と超電導）

私たちは電磁波の光によって目で物を観測することができます。数百ナノメートルの波長の光では、ナノメートル（1 nm＝10^{-9}メートル）サイズの原子・分子構造を観測することができないので、波長の短い電子線を用いた電子顕微鏡が必要となります。さらに原子核内部や素粒子の観察にはエネルギーの高い粒子が必要となり、大型で高エネルギーの粒子加速器が開発されてきました。その高エネルギー粒子の衝突による新粒子の発見や医療応用がなされてきています。フェムトメートル（1 fm＝10^{-15}メートル）サイズの原子核の内部構造を観測するにはギガ電子ボルト（1 GeV＝10^{9} eV）以上のエネルギーが必要となってきます。

最初の加速器は多段型の高電圧発生装置を用いた静電気力を用いた直線型粒子加速器でした。高電圧工学が応用され、多大な成果をあげました。さらにエネルギーを上げるために、円形のシンクロトロン加速器が発明され、加速システムと偏向磁石システムを分けることで装置を大型化して、陽子や重イオンの加速に利用されています。加速システムでは高周波による電磁粒子加速が行われ、偏向磁石システムでは大型の超電導電磁石が用いられています。

加速された粒子同士を正面衝突させることで、静止している粒子に衝突させる場合のエネルギーの2倍だけ高いエネルギーで衝突させたことになります。この粒子衝突型加速器が、現在の加速器の主流となっています。

このような極微の素粒子の世界を解明するための粒子加速器にも、超電導工学や高周波工学としての電気工学が大いに活用されています。

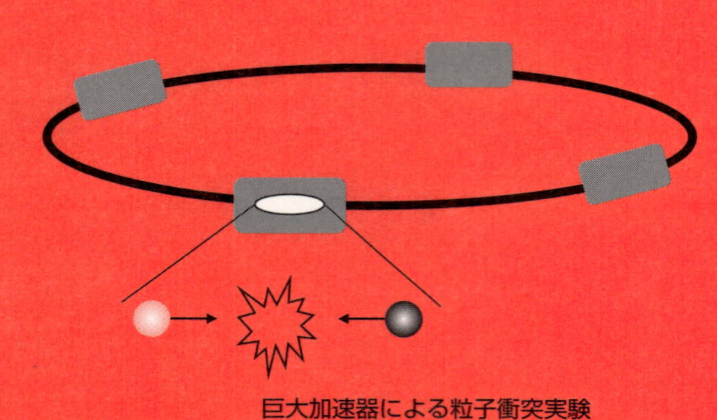

巨大加速器による粒子衝突実験

第8章

不思議な生命・医療の電気
（電気生理学と医療電子工学）

47 電気ウナギの電気とは？

細胞膜内外のイオン濃度変化

子供が大好きなポケットモンスターのピカチュウというキャラクターですが、頬には赤い色をした電気袋を持ち、雷をイメージしたしっぽを持っているとされています。

電気を発生させる現実の動物としては、電気ウナギ、電気ナマズ、シビレエイなどの「電気魚」がいます。高い電圧の電気を使って敵を撃退したり獲物を捕食したりします。低い電圧の電気は、周辺の獲物や障害物を探査するのに用いられています。

「電気ウナギ」は、頭側がプラスで尾側がマイナスとなって、最大600ボルト近くまで電気を発生します。ただし、高電圧は1000分の1秒ほどしか持続しません。「電気ナマズ」の帯電は電気ウナギと逆で、頭部がマイナスで尾がプラスとなっており、電気ウナギのおよそ半分の最大350ボルトまでの電気を発生します。「シビレエイ」は左右に腎臓型の発電器官をもっていますが、背側がプラスで腹側がマイナスの数百本の発電柱を持っており、最高電圧は200ボルトほどの電圧が発生されます。

発電のしくみはどのようになっているのでしょうか？　通常、「発電器官」の細胞の内側にはK^+（カリウムイオン）が、外側にはNa^+（ナトリウムイオン）が多数存在します。興奮状態になると、細胞膜の性質が変化し、Na^+が細胞内に入りやすくなり、細胞の内側の電圧が高くなります。電気ウナギの場合にはこの細胞が1枚0・15V程度であり、この「電気板」の数千枚が直列に重なっており、各々の電気板に接続されている「神経系」により制御されて、500Vほどの電圧が1ミリ秒ほど発生されることになります。電気はこれらのイオンの濃度の変化で起こるのです。

ちなみに、俗にいう「電気くらげ」（正式名称はカツオノエボシ）は発電を行いません。クラゲの触手に刺されると、猛毒により電撃を受けたかのような激痛を感じるとされています。

要点BOX

- 電気ウナギや電気ナマズは発電器官により発電
- 電気ウナギの電気は最大6百ボルトで1ミリ秒
- 細胞内外へのナトリウムイオンの移動で発電

電気魚と発電極

●電気ウナギ（最大600ボルト）

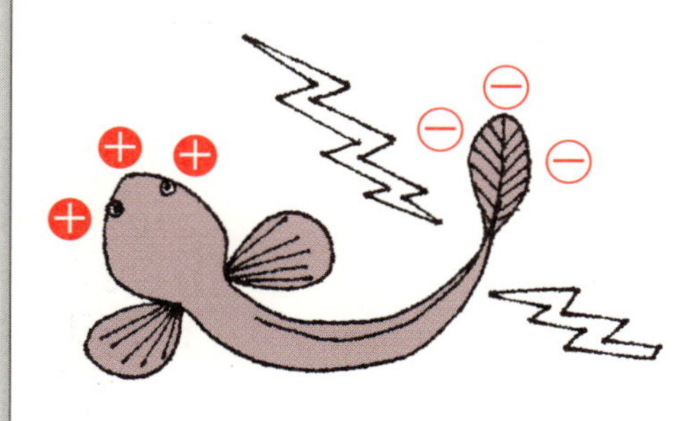

●電気ナマズ（最大350ボルト）

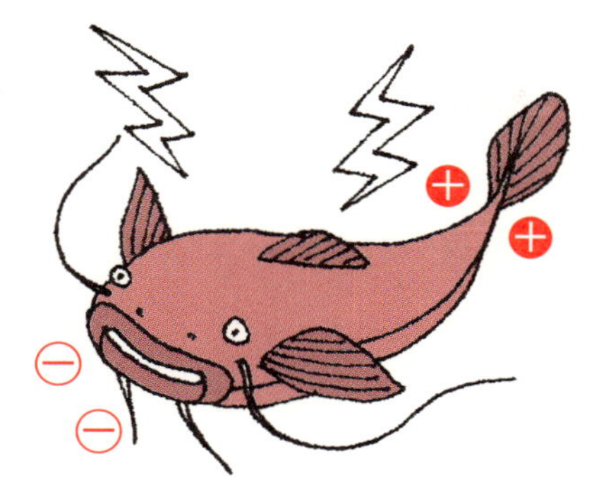

●シビレエイ
（最大200ボルト）

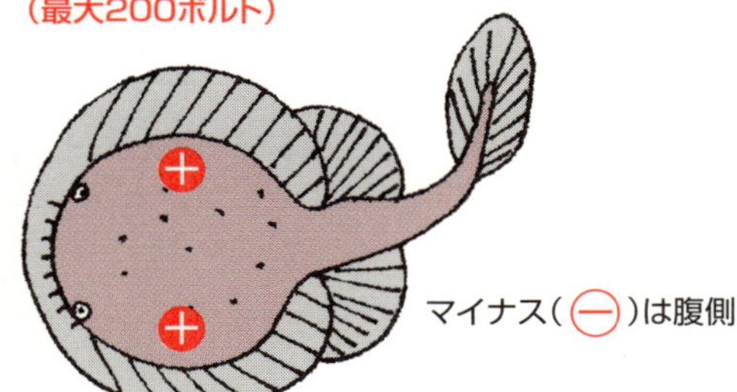

（参考）
俗にいう「電気くらげ」は毒による刺激で、電気ではありません

発電のメカニズム

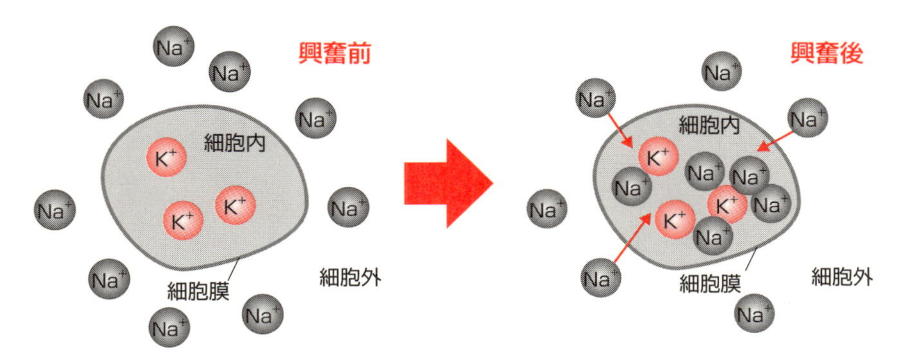

興奮状態になると、細胞膜の性質が変化し、Na^+が細胞内に入りやすくなり、細胞の内側の電圧が高くなります。

48 渡り鳥は磁気コンパスを持っている？

太陽コンパス説と磁気コンパス説

私たちは磁気コンパスを用いて地磁気の南北を確認できますが、現在、その地磁気の強さが少しずつ（年に0・05％ずつ）弱まっていて、単純な外挿では2000年後にはゼロになる可能性が指摘されています。SF映画「コア」では、地球の核（コア）の回転停止により地磁気が消滅し、何百羽ものハトが方向感覚を失い、スペースシャトルが帰還時に制御不能となることから物語が始まります。本当に、ハトなどの動物は磁場を感じる事ができるのでしょうか？

レースバト（伝書鳩）は数百km離れた場所で放されてもほぼ鳩舎に戻ることができますし、多くの渡り鳥は繁殖地と越冬地の間の長い距離を毎年移動します。花の蜜を吸ったミツバチは数km離れた巣箱に帰り着くことができます。このような、長距離にわたる帰巣や移動の例は動物界では広く知られています。

動物のこの方向感覚に地磁気が役立っているのではなかろうかとの推論は19世紀からありましたが、1970年代になって、磁場の影響を検証するために、伝書鳩やミツバチに地磁気以外の磁場を付加した実験がなされています。第一には視覚による太陽の位置（太陽コンパス）を頼りに移動していますが、方向を確認するのに付加的に地磁気（磁場コンパス）を使っていることが明らかとなっています。ハトやミツバチは磁性体としての磁鉄鉱（マグネタイト、Fe_3O_4）の結晶を体内に持っていることが明らかとなっていますが、磁場を認識する現象（磁場受容という）のメカニズムは完全には解明されていません。

イルカや回遊魚としてのウナギも磁場感受の器官を持っているといわれています。ニホンウナギはレプトケファルス幼生、シラス、親魚へと成長しますが、産卵場はマリアナ諸島沖であり、シラスウナギの段階から磁場を感じることが実験で示されています。幼少期の太陽や磁場の方向、水流、匂いなどの記憶を逆行して産卵場にたどり着くと考えられています。

要点BOX

- ハト、ミツバチはマグネタイトを体内に保持
- ニホンウナギも幼少時から磁場受容性を持つ
- 磁気走性バクテリアも発見済み

磁場を感じる生物

太陽コンパス説（太陽の位置利用）
磁気コンパス説（地磁気の方向利用）

●伝書鳩

レース鳩（伝書鳩）は、遠い所から放しても、自分の巣に戻ること（帰巣）ができます。ハトは太陽の位置と付加的に地磁場を感じとることにより自分の巣の方向を知ります。
ハトの内耳にある「壷嚢(このう)」という感覚器官が磁気センサの役目をしています。
伝書鳩の帰巣は学習効果にも関連しています。

●ミツバチ

ミツバチが採餌場所から巣へ戻る場合には、太陽の位置を第一に利用しています。仲間に花の場所を知らせるのに、「8の字」の「尻振りダンス」を行います。地磁気も補助的に使われていることが明らかとなっています。

●イルカ

イルカや鯨類などの大回遊は、太陽の位置、水流や磁場などを利用して行われていると考えられています。
最近のイルカやクジラの漂着の原因として、海底岩盤のヒビ割れなどで発生する「磁気異常」の可能性が考えられていますが、明確ではありません。

●回遊魚（ウナギ、サケ、マス）

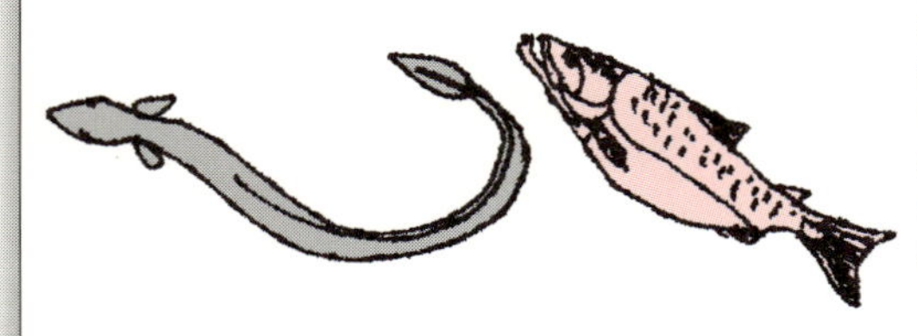

魚類の大回遊は、太陽コンパスを利用したり、水流やにおいによる刺激、電場、磁場などを使って行われていると考えられています。
サケ・マス類などは産まれた川の水のにおいを記憶し、あるいはフェロモン様物質に誘われて、川へ戻ってくるのではないかと考えられています。

●磁気走性バクテリア

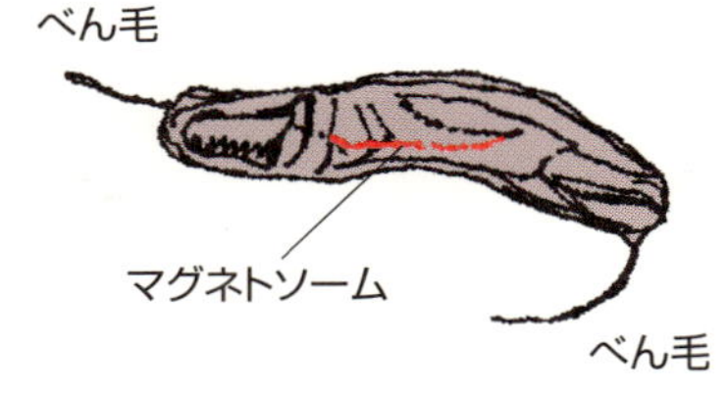

その菌体内に50～100nmの「マグネタイト（磁鉄鉱）」の微粒子が10～20個ほど連なった「マグネトソーム（細胞小器官）」を持っています。これが磁気センサとなっています。

49 発電菌で発電できる？

水田のジオバクター菌

人間を含めて、多くの生物は有機物を体内に取り込み、化学的に分解して、より簡単な物質としての二酸化炭素（CO_2）と水に変える「異化作用」によりエネルギーを得ています。これは反応で生じた電子を、細胞が取り込んだ酸素（O_2）に渡すことで、生命活動に必要なエネルギーを得ているのです。

自然界には体内に生じた電子を放出して電流を発生させる微生物としての「発電菌」がいます。1980年代に「シュワネラ菌」が初めて発見され、2000年頃にはこれら発電菌を用いた微生物燃料電池の実証実験もなされています。微生物による汚泥の分解と同時に発電もできる可能性があります。

「微生物燃料電池」は、家庭では生ごみ、トイレや下水などの処理などに活用できますが、特に集合住宅では効率的に行うことができます。最も効果的なのは企業での大規模活用です。たとえば、下水処理場での微生物による排水処理として通常は「活性汚泥法」として大量の酸素の送風が必要（電力必要）ですが、酸素不要の発電菌を用いると大量の酸素は必要なくなり（電力の8割削減可能）、発電も可能となります。食品工場など有機物を多く含む廃水を出す工場での実証試験も行われています。

微生物による発電として、「ジオバクター菌」を利用しての「田んぼ発電」も試みられています。稲が光合成をして有機物を生成し（同化作用）、有機物の一部を根の近くに排出します。「ジオバクター菌」は土壌に生息し、3価の鉄イオンを還元することで酢酸を酸化して二酸化炭素とすることでエネルギーを得る鉄還元菌ですが、発電菌がその有機物を分解し（異化作用）、細胞膜を通して外部に電子を放出します。

微生物発電菌を用いた生物燃料電池は、発電の他に、廃棄物処置、枯渇資源（リンなど）の回収など、下水処理場での多目的で大規模な技術開発に期待されています。

要点BOX
- ●微生物としての発電菌による排水処理
- ●シュワネラ菌による微生物燃料電池
- ●ジオバクター菌利用の田んぼ発電

微生物発電による廃水浄化

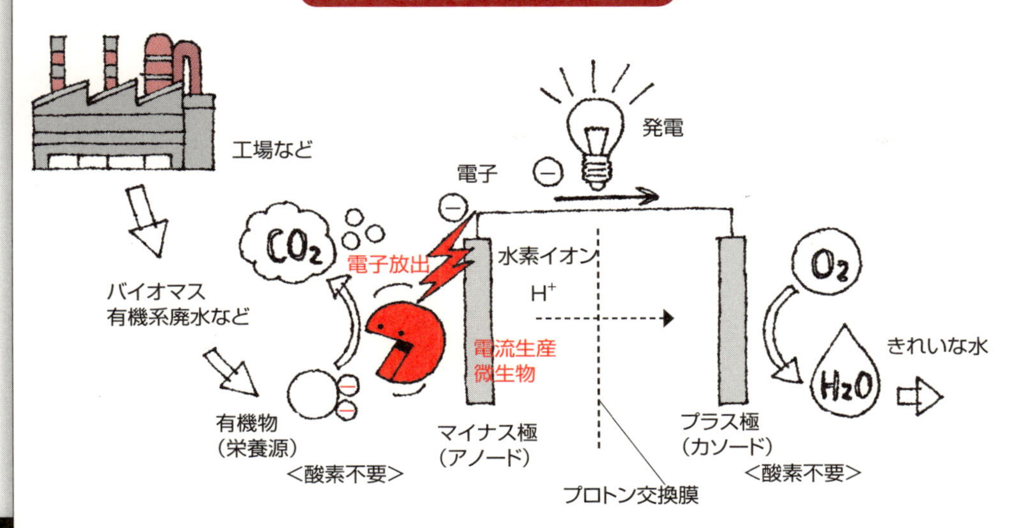

田んぼ発電の概念図

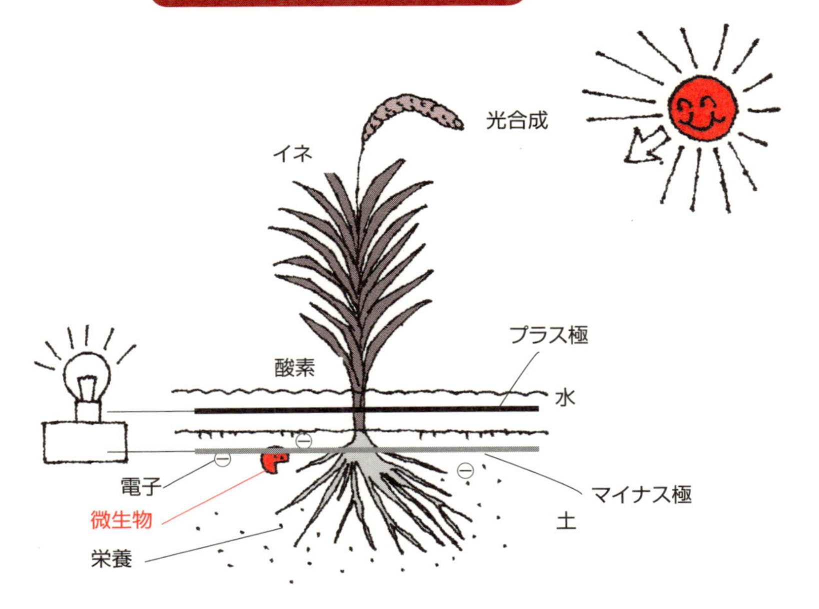

50 人体には電流が流れている？

生体電流

つなぎわせた死体に雷の電流を流して蘇生させる有名な小説「フランケンシュタイン」は、1818年のメアリー・シェリー原作ですが、この小説はガルバーニのカエルの脚の実験からヒントを得たものといわれています。イタリアの解剖学者ガルバーニ（1737～1798）は、1771年にカエルの脚が金属片に触れると筋肉が痙攣することを発見し、1791年に筋肉を収縮させる力を「動物電気」と名付けました。これが生体の電気現象の解明の始まりでした。実際には二種類の金属間に接触電圧が発生したことによる痙攣であったことが、イタリアの物理学者アレッサンドロ・ボルタ（1745～1827）により明確化され、1800年の「ボルタの電堆」の発見につながりました。

現代では、脳や筋肉の活動により電気が発生し、細胞レベルで電気の発生が起きていることがわかっています。人間には200μAほどの微弱な「生体電流」が流れているのです。心臓から電気を発していることは1903年オランダのW・アイントーフェン（1860～1920）が発見し、1924年にノーベル生理学・医学賞を受賞しています。

心臓や脳内の微弱な生体電流を測ることで医療診断ができ（51参照）、心機能が停止した場合には、AED（自動体外式除細動器）が用いられます。

心臓には1マイクロアンペアほどの弱い電気が流れています。右心房から出た電気が心臓の壁を伝って心室、心房を動かし規則正しく血液を送り出しています。心停止には、AEDの電気ショックの適応が可能な「心室細動」と呼ばれる心臓がこまかくふるえることによって、血液を送り出せなくなる不整脈によるものと、AEDを適応でない心停止とがあり、電気ショックが必要かどうかを自動的に教えてくれます。電気ショックを体外から加えることで、心室細動を止めて正しい心臓のリズムに戻します。

要点BOX
- ●ガルバーニの動物電気とボルタの電堆
- ●心臓には1マイクロアンペアほどの弱い電流
- ●AED（自動体外式除細動器）の電気ショック

動物電気のナゾ

動物電気説と接触電圧説

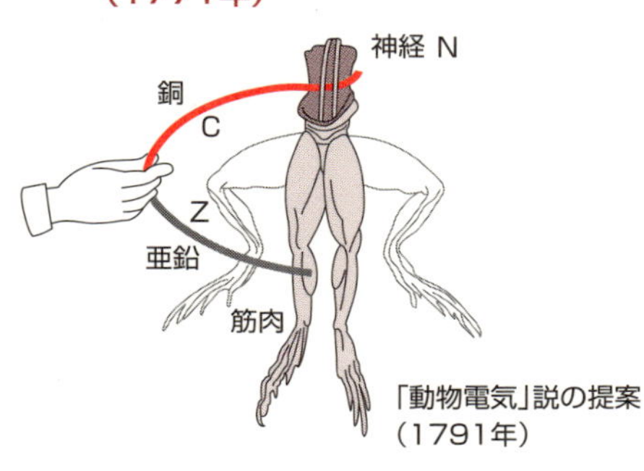

●ボルタの電堆（でんたい）
（1800年）

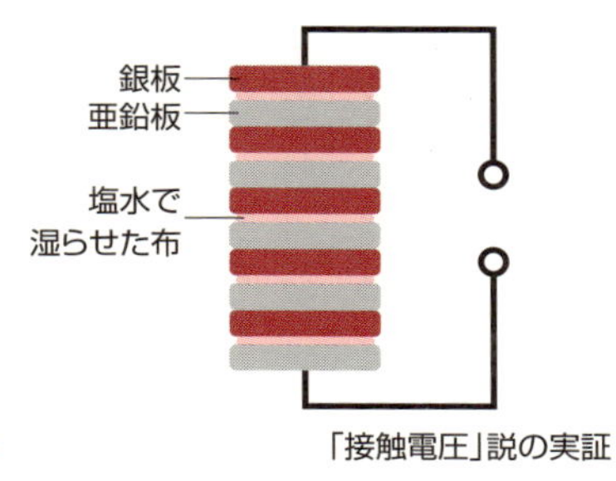

AED（自動体外式除細動器）の利用

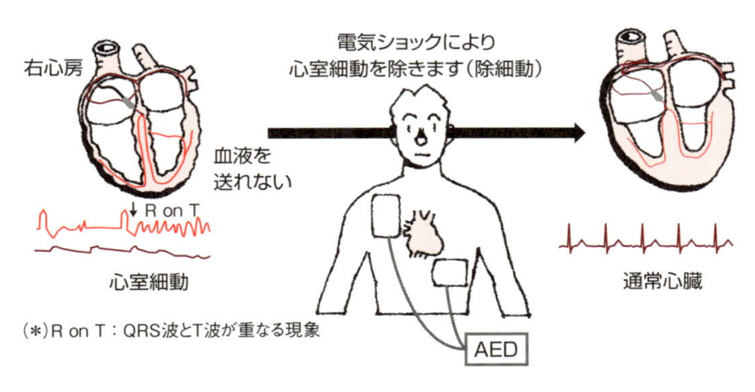

（*）R on T：QRS波とT波が重なる現象

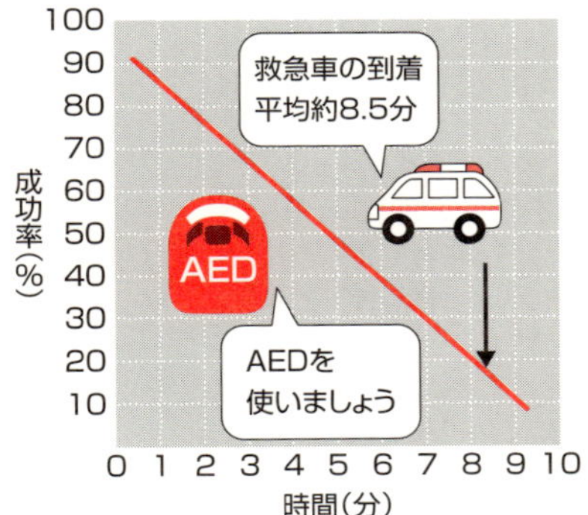

AEDの電圧は、約1,200～2,000V
電流は、約30～50A
時間は、約1/1000～1/100秒
エネルギーは、150ジュール
AEDの成功率は1分ごとに7～10%減少します

51 心電計と脳波計の原理は？

神経や筋肉のように刺激によって顕著な反応を起こす細胞を「興奮性細胞」と呼ばれており、刺激によって細胞内へNa^+、K^+、Ca^+が一時的に透過率を増すことにより（47参照）電圧が変化します。

細胞の内側は通常は−50〜−90mVの負電位を保っています（分極状態）が、刺激が加わるとNa^+などが細胞内への流入し、0〜45mVの正電位に変化し細胞膜が分極状態を脱します（脱分極）。更に興奮により復極して静止状態に戻ります。このとき生じる瞬間的な脱分極とすぐあとに続く復極の過程を「インパルス」、この際の電位の変動は「活動電位」と呼ばれています。これらの生体電気現象は「電気生理学」として研究されており、１９６３年に英国のホジキン、ハクスレー等が神経インパルスの伝導に関する研究でノーベル生理学・医学賞を受賞したことを契機として、飛躍的に発展してきました。

「心電計」では心臓の筋肉（心筋）の活動電位の変化を測定します。正常な心拍では、右心房の上大静脈基部にある洞結節から電気的刺激が規則正しく発生しています。ここから発生した刺激が心房から心室へと伝わります。心臓の活動電位は体表面にも伝搬しますので、四肢や胸に電極を装着して誘導すると１mV程度の起電力が観測されます。これを増幅して心電図（ECG：electrocardiogram）が得られます。四肢につけるリード線（誘導コード）では右足の電極はアースに用いて、他の３箇所で測定されます。一般的に実施されている方法は胸部誘導も含めて12誘導心電図です。

脳での多数の神経細胞が発している活動電位の変化を測定するのが「脳波計」です。頭皮上に装着した電極で、頭蓋骨を通して集合的に誘導すると、数十μVのごく微弱な起電力が観測されます。これを増幅し、脳波または脳電図（EEG：electroencephalogram）が得られます。典型的な波形を下図に示します。

要点BOX

- ●神経や筋肉の細胞のNaイオンなどの濃度変化により活動電位が生成
- ●心電図（ECG）と脳電図（EEG）

活動電位と心電図

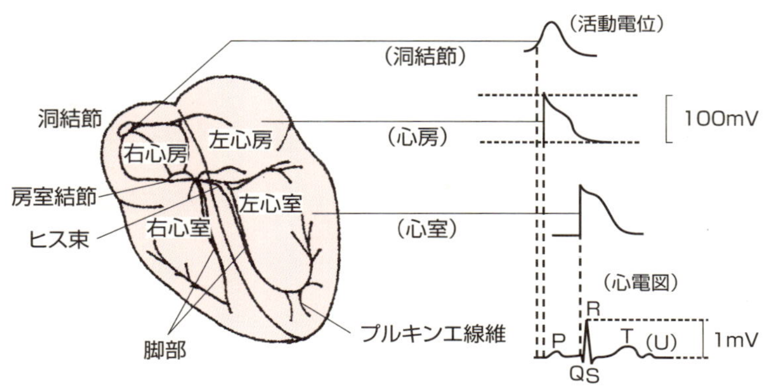

●四肢誘導心電計（アイントーフェンの3角形）

第Ⅰ誘導
右手
左手
第Ⅱ誘導
右足
（基準電位）
左足
第Ⅲ誘導

●心電図波形とイオンの移動

P波：心房の興奮
（心室筋細胞からK^+が出る）
QRS群：心室の興奮
（心室筋細胞へNa^+が入る）
（心室筋細胞へCa^+が入る）
T波：興奮の消失
（心室筋細胞からK^+が出る）

脳波計の原理

●脳波計のイメージ図

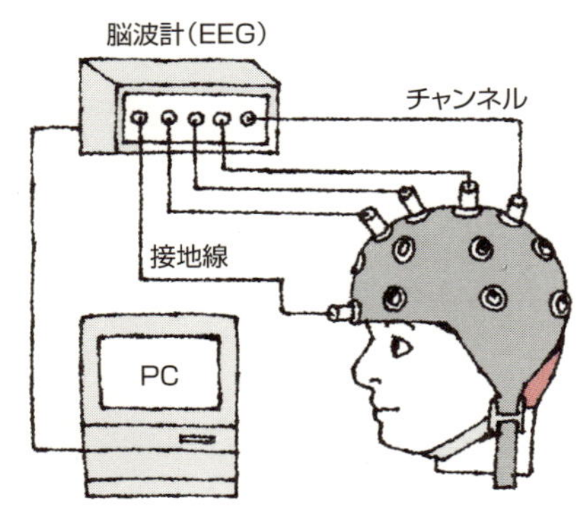

●脳波の典型例

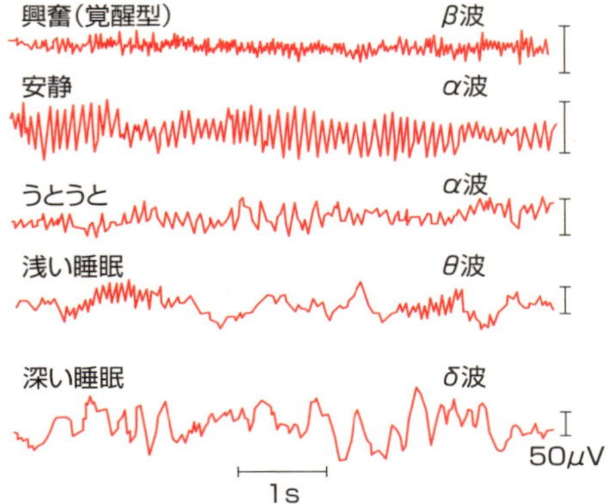

52 医療用の先進電子機器とは？

非接触体温計から核磁気共鳴まで

近年、医療技術は急速に進歩・発展しています。それを支えているのは半導体集積回路をはじめ、医療機器どに応用されている「医療電子工学」です。

生体に関する診断は、大きく分けて、生理学的機能の測定（心電図、脳波など）と解剖学的形態の測定（X線撮影など）の2つです。一方、治療には、手術療法、薬物療法、X線療法が進められています。近年は診断と治療との強力な連携が進められています。

生体にとっての「バイタルサイン」は、呼吸、脈拍、体温、血圧ですが、体温測定として近年は非接触型の赤外線体温計も開発されています。すべての物体は、その表面から物体の温度に関連する電磁波として熱放射エネルギーを放射しています。この熱放射エネルギーの波長分布と、各波長におけるエネルギーの強さから物体の温度を電子回路を用いて求めることができるのです。

最先端の医療機器の例としてＭＲＩ（Magnetic Resonance Imaging：核磁気共鳴映像法）があります。人体に磁気を当て画像を撮影する装置であり、体内の水素原子が持つ弱い磁気を、強力な磁場でゆさぶり、原子の状態を画像にします。ＭＲＩ用の超電導マグネットも開発され、大きな医療進歩が行われました。例えば、診断が難しかった、脳卒中（脳梗塞、脳出血、クモ膜下出血）のほか、脳腫瘍や脳の小さな病変などの早期発見が可能となったのです。

がんの治療では、手術（外科治療）、薬物療法（抗がん剤治療）、放射線治療が三大治療とされています。放射線治療は、手術と同じくがんとその周辺を治療する局所療法に分類される治療法です。単独または手術や抗がん剤と併用して行われます。多くのがん種において標準治療として適応されているX線やガンマ線による放射線治療のほかに、日本の法律で「先進医療」に分類される陽子線治療や重粒子線治療（61参照）もがん治療に用いられています。

●非接触体温計は赤外線放射エネルギーを検出
●MRI（核磁気共鳴映像法）では超電導マグネットを用いて体内の水素原子の画像を取得

非接触体温計

●非接触(放射)温度計の使い方(視野欠けに注意)

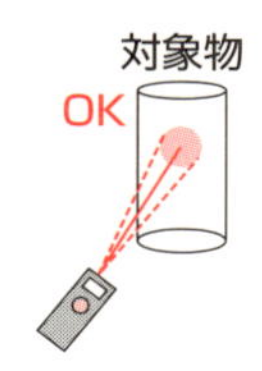

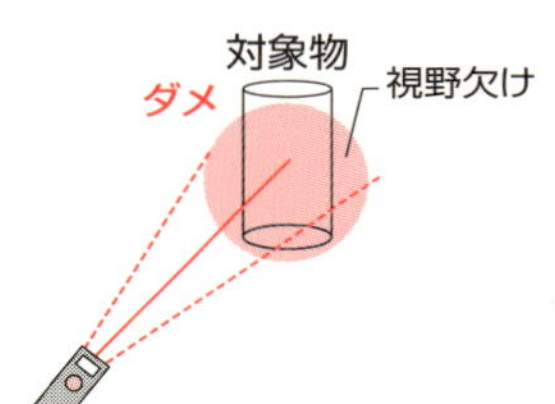

●非接触(放射)温度計の基本構成

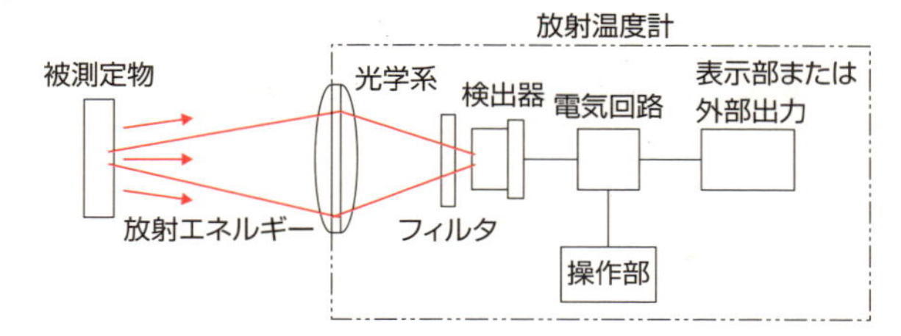

●高温物体からの放射特性

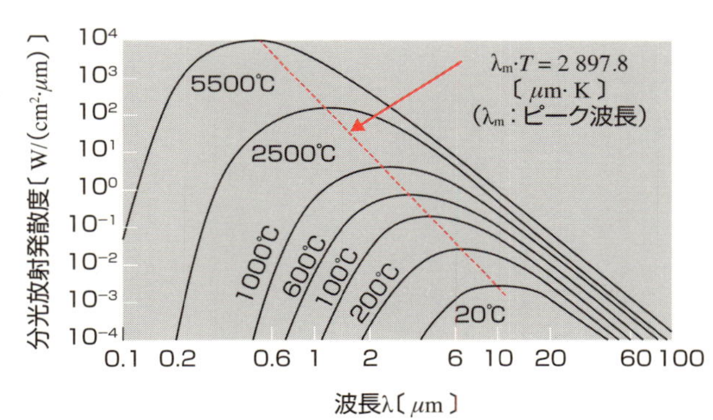

MRI(核磁気共鳴映像法)の原理

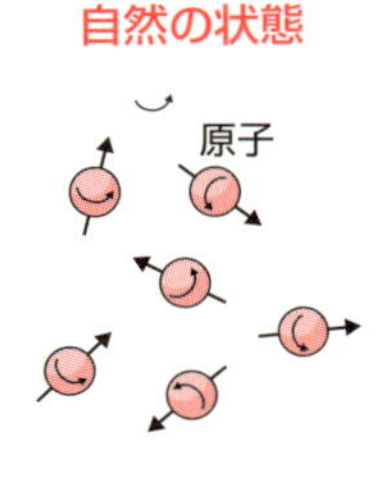

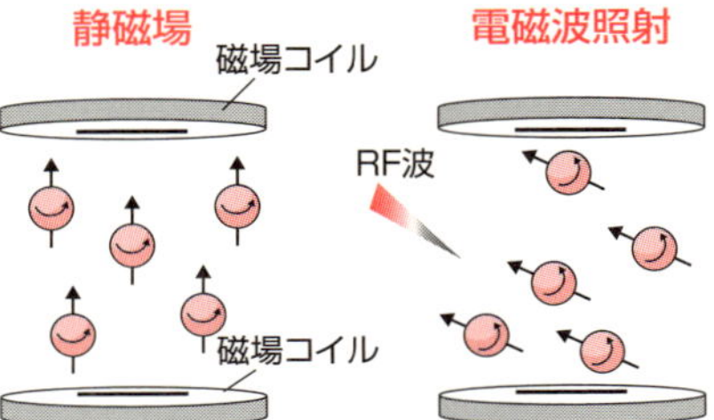

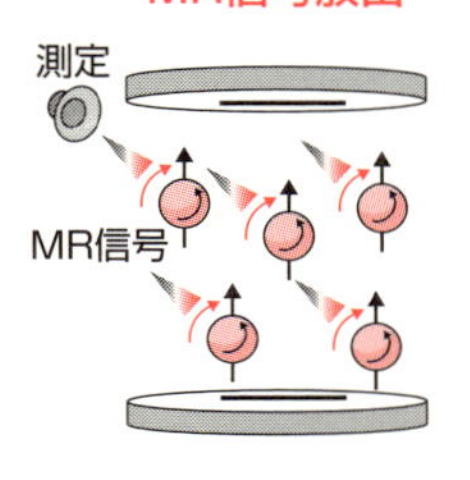

原子の回転の方向も軸もバラバラ

磁場によって方向も軸もほぼ一定となる「歳差運動」をする

電磁波によって、「歳差運動」下の原子の軸が変わる

電磁波がなくなることで、共鳴信号を出しながら元の状態に戻る

Column

感電は怖い!?（感知電流と心室細動電流）

感電とは、体内に電流が流れてショックを受けることです。1本の送電線だけに止まっている鳥は閉じた回路を作らないため体内に電流が流れないので感電はしませんが、仮に大きな鳥が複数の送電線に同時に接触すると感電が起こることになります。電圧がかかっても、電流が流れなければ感電はしませんので、電圧の大きさは二次的です。

感電の危険性は主に通電電流、通電時間、通電経路によって異なってきます。電圧の大きさは二次的な要素です。図では正弦波の交流（AC）電流が左手から両足に流れたときの人体の反応と電流限界を示しています。

AC−1：0・5mA（図中のa：感知電流）までは電気を感じる事ができません。

AC−2：0・5mAから5mA（図中のb：離脱電流）まではビリビリと痙攣を起こさない程度で、指や腕などに痛みを感じますが、通常は有害な生理学的影響はありません。

AC−3：5mAから40mA（図中のc：心室細動電流）までは、筋肉の痙攣を起こし、接触状態から離脱することが困難になります。呼吸困難や血圧上昇が起こります。一時的な心拍停止の可能性もあります。

AC−4：40mA以上では、AC−3の障害に加え、呼吸停止、心拍停止、熱傷などにより死亡する可能性が極めて高くなります。

感電から身を守るためには、電気機器にはアースをつけ、電線路には漏電遮断機を設置することなどが重要です。

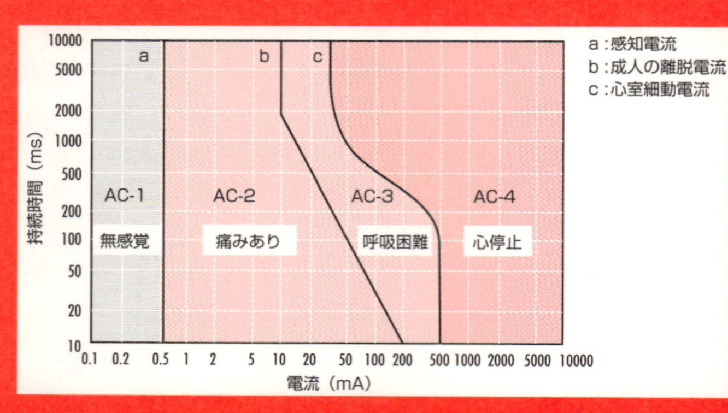

驚きの自然・宇宙の電気
（地球電磁気学と宇宙電磁気学）

53 落雷は落ちずに登る?

電子とイオンのストリーマ

自然の驚異としての「雷」は雲と雲の間、あるいは雲と大地の間でおこる電気が流れる（放電）現象です。その際には光（稲妻、稲光、雷光）と音（雷鳴）が発生します。雷の電圧発生にはいくつかのパターンがありますが、一般的なモデルは以下の通りです。雲の中では冷やされた多くの氷の粒が上昇気流により上がり、重力による重さで落下を繰り返します。この上昇と下降が繰り返される際に、氷の粒はお互いに激しく衝突しあい、摩擦により電荷を帯び、静電気が発生します。これが「雷雲」です。一般的に、雷雲の上部には温度の低い氷の結晶（ひょう、あられ）のプラスの大きな粒が集まり、下部には温度の高いマイナスの小さな氷の結晶が集まります。したがって、雷雲の下面にマイナス電荷が集まり、この帯電が発達すると、地上には正電荷が誘起され、徐々に電圧が高くなっていきます。

十分高い電圧では、宇宙線などで電離された空気中の電子が加速され、大気の分子を電離してねずみ算式に電子が増えていきます。電子なだれは下方に移動し、後には正イオンの雲が残され、自分自身による逆の電場の効果（空間電荷効果）により電子なだれは停止します。この時、電子なだれの進行した跡に細いフィラメント状の発光を伴ったプラズマが残ります。これを負の「ストリーマ（線条）」と呼びます。この道に沿って負のストリーマが進行し、少しずつ経路が延びていきます。この絶縁破壊現象が「稲妻（いなずま）」です。

負のストリーマが地面近くまで到達したときには、地表には多くの正電荷が溜まるので、今度は地表から強力な正のストリーマが瞬時に誘起され、雷雲まで到達します。この火花放電現象が主電撃としての「落雷」です。ストリーマの温度は一瞬の間に2～3万度にまで上昇し、その結果、空気圧による衝撃波が発生し、空中を伝播します。これが「雷鳴」です。

要点BOX
- ●雷は音（雷鳴）と光（稲妻）を伴う放電現象
- ●「稲妻」は負のストリーマが下降する
- ●「落雷」は正のストリーマが上昇する

雷雲のできかた

氷の粒
(小さく軽い)
あられ
(大きく重い)
上昇気流

地上の熱により上昇気流がおこり、積乱雲が発生します。雨や氷の粒が激しくぶつかりあい、静電気がたまっていきます。大きくて温度の高い氷の塊がマイナスとなり下方に、小さくて温度の低い氷の粒がプラスとなり上方にたまり、雷雲ができます。
雷雲の下方にマイナス電荷がたまり、静電誘導で地上がプラスとなります。

稲妻、落雷と雷鳴のメカニズム

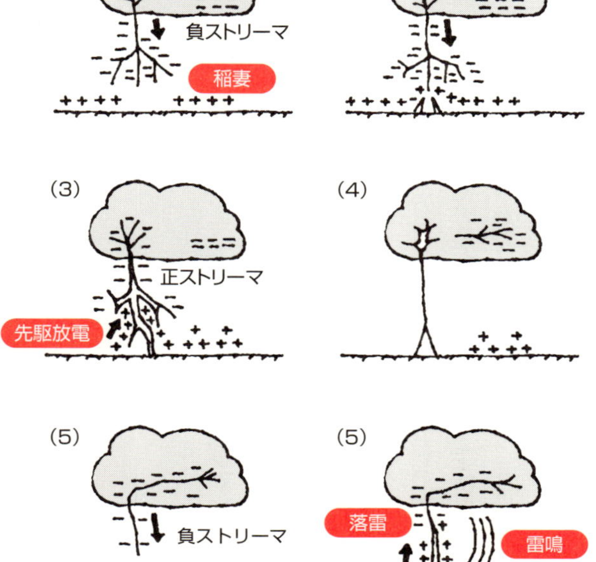

(1)雷雲の下部に負電荷がたまり地表に正電荷が誘起され、負のストリーマが下降します(稲妻)。

(2)負のストリーマが地表近くまで伸びると、正のストリーマが地表から上昇し始めます。

(3)ふたつが結びついて、放電の道ができます(先駆放電)。

(4)放電の道が残ります。

(5)負のストリーマが同じ道を伝って下降し始めます。

(6)強力な正のストリーマが瞬時に上昇します(落雷、帰還電撃)。

稲妻は負電荷が下がる現象、落雷は正電荷が地面から雷雲に上がる現象。

54 地磁気は反転する？

地球ダイナモ作用

地球が大きな磁石であることを実験的に説明したのはギルバートであり、詳細な解析を行ったのはガウスでした（8参照）。この磁場はどのようにしてできるのでしょうか？それを理解するには、地球内部の構造を考える必要があります。

地球は、45億年前に単一の固体に多くの隕石が衝突して重力圧縮を繰り返し、放射性崩壊熱で中心部分が溶融して、今から22億年前以前の太古代に核とマントルが分離したと考えられています。中心部分（核）のうち、内核は固体金属であり、その周りの外核は液体金属です。高温状態の地球内部のでは永久磁石は存在することができません。地磁気の発生は地球内部の「外核」でのプラズマによる柱状対流が電流を誘起して磁場を発生・維持していると考えられています。いわゆる、「地球ダイナモ（発電機）作用」です。これはイギリスの地球物理学者のE・ブラード（1907～1980）の1949年の単純な円板ダイナモを基本として、多数の柱状渦が全体として磁気双極子を形成し、外部に地磁気を生成・維持しているものです。

古地磁気学によれば、海底等から隆起する地層の岩石の残留磁気から、その時代の磁場の向きや強さを推定することができます。地球を棒磁石で模擬すると、北極にS極、南極にN極があるのが現在の状態です。この地磁気のN極とS極とが、これまで数十万年間隔で何度となく反転していることが明らかとなってきています。最も新しい逆転が起こったのは、78万年前です。磁場反転のもっとも簡単なモデルは、1958年の2つの円盤をつないだ結合円盤モデルです。地震学者の力武常次博士（1921～2004）が提唱したモデルであり、磁界の向きが正負に反転しながら振動します。現在では、地球ダイナモ機構は、スーパーコンピュータによる電磁流体シミュレーションにより解明されてきています。

要点BOX

- 地球ダイナモ機構：地球の外核での柱状対流が電流を誘起し、地磁気を生成・維持
- 地磁気のN・S極は数十万年間隔で反転

ダイナモ作用による地球磁場の生成

●地球の内部構造

下部マントル
上部マントル
外核
内核

内核は固体金属の鉄
外核は液体金属の電磁流体

●ダイナモの円盤モデル

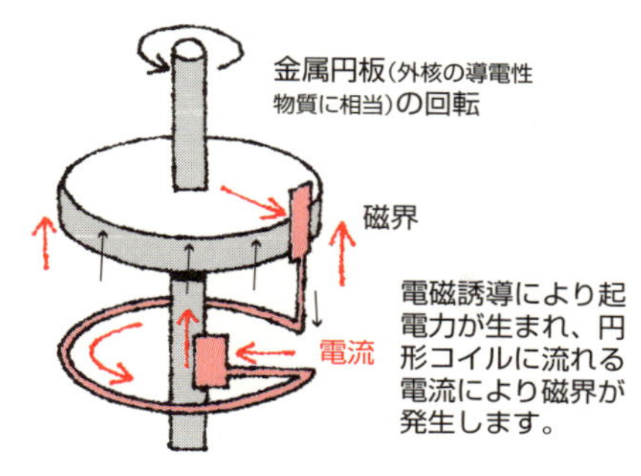

回転エネルギーが磁場エネルギーに
転換されています。

地球磁場の反転

●地球磁場の極性

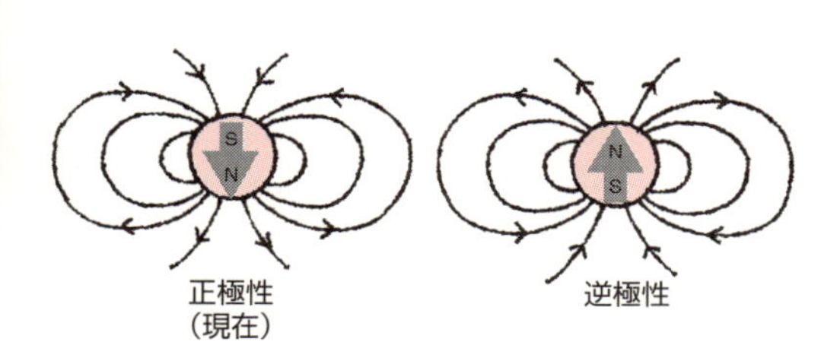

●力武ダイナモの結合円盤モデル

磁場
磁場

外核の複雑な渦運動を単純化したモデル。
左右二つのコイルがつくる磁界は、正になったり負になったりして反転・振動します。

●地球磁場の反転の歴史

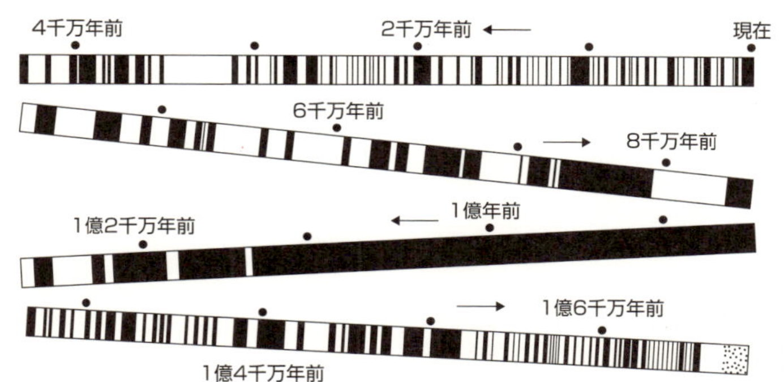

正極性(現在の磁場)を黒、逆極性を白で示した

55 オーロラは磁場とプラズマのカーテン？

磁場の再結合

オーロラ（Aurora）は、ローマ神話では夜の星ぼしを追い払う夜明けの女神アウロラであり、ギリシャ神話ではエーオースと呼ばれています。太陽の神ヘリオスを兄に、月の女神セレーネを姉に持ち、ばら色の肌とブロンド髪の美しい女神とされています。

アリストテレスによれば、それは暗黒の空の裂け目であり、その向こうに炎が見えるのだとされました。「日本書紀」には、推古天皇の代の620年12月30日に相当する記述として、雉の尾のような「赤気」が北の空に見えたと記されています。これがオーロラです。北海道では10年に数回の頻度で、日本の中央部では百年に数回観測できると考えられています。

オーロラは、太陽風としてのプラズマ（電離気体）が地球磁場につかまり、地球表面近くまで到達するときに大気の分子と衝突して発光することに起因することが明らかとなっています。特に、太陽の活動が活発な時期に多く見られます。太陽風により、前面の地磁気は圧縮され、後方の磁力線は長い尾のように伸ばされます。そして前面では、プラズマの流れを伴った太陽磁場と地球磁気圏の磁力線が結合します。これは「磁気再結合」と呼ばれています。後方では、極端に伸ばされたときに上下の磁力線が結合し、磁気再結合を起こし、ゴムバンドのパチンコの原理でプラズマ（とくに電子）が加速されます。加速されたプラズマが「オーロラオバール（卵形線）」の電離層中の酸素原子や窒素原子、水素原子を光らせることになります。高度150キロメートルの電離層Eでは緑や黄色の発光が観測され、更に高度の高い200から500キロメートルのF層では主に赤色の発光となります。低緯度地域で北の空の遠くに見られるオーロラはほとんどが赤色です。

オーロラは磁場を伴ったプラズマの流れとしての太陽風と地球の磁場との相互作用、そして、大気原子と衝突の織りなす自然の美しいカーテンなのです。

要点BOX

- オーロラは太陽風と地磁気の織りなすカーテ
- 磁気再結合とプラズマ加速がオーロラオバールを作る

オーロラ発生の機構

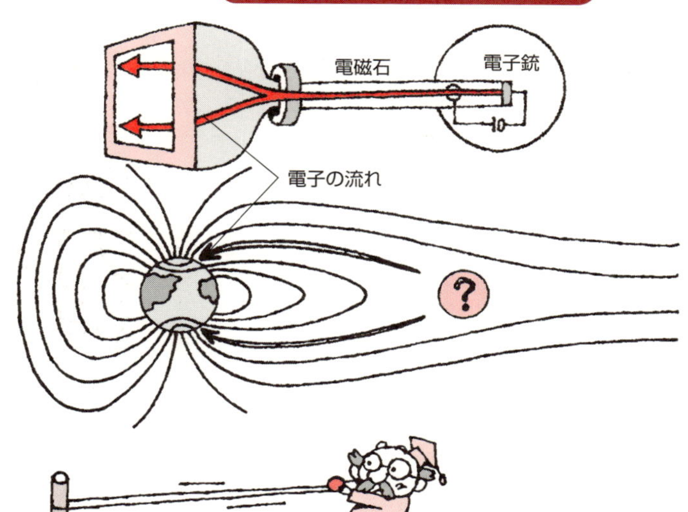

オーロラの生成機構とブラウン管によるテレビとは、電子加速の点でよく似ています。

上部の?のところのプラズマシート部では磁気再結合が起こり磁力線のバンドでプラズマの塊が加速されてオーロラがでます。

オーロラ発生の機構

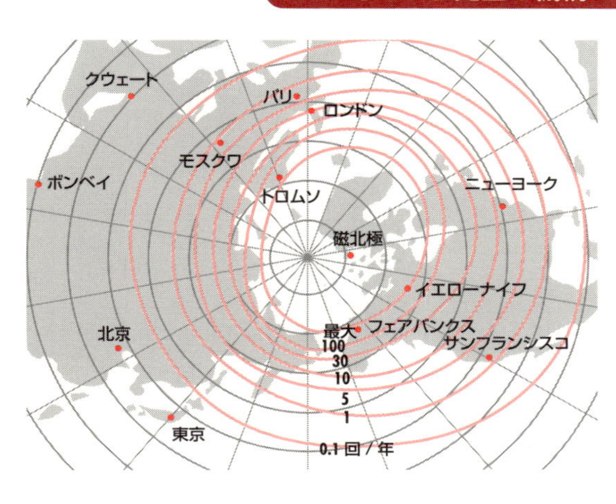

56 太陽活動変化は磁力線の巻きつき？

11年の活動周期

地球と同じように、太陽にも磁場があることが知られています。地球磁場と異なり、太陽自身からの超高速のプラズマの流れ（太陽風）のために磁力線は放射状に延びています。太陽周辺の一般磁場は1ガウス以下ですが、黒点付近では数千ガウスになっています。太陽内部の磁場は太陽の自転のために徐々に巻きつき、磁場が反転してエネルギーが解放されています。地球磁場は数十万年以上の間隔で不定期に反転しています（54参照）が、太陽活動や黒点の周期に関連して、11年という短い期間で定期的に磁場の極性が反転しています。

太陽の磁場はダイナモ（発電機）作用で維持されています。これは運動エネルギーが磁場エネルギーに変換される作用であり、太陽内部で磁力線を伴ったプラズマの流れがあること、赤道近くの流れが速くて剛体としての一様な回転ではないこと、が太陽磁場の維持や反転に重要な役割を果たしています。

下図のように、はじめに双極磁場があったとします。中心部分は約27日で1周しますが、極付近では32日で1周しますので、約半年で1周のずれが生じます。プラズマに凍りついた磁力線は3年もすれば6回ほど巻きつくことになりますが、磁力線は伸びや歪に対して反発してほどけ、磁力線が浮き上がり、磁気ループができ、黒点を作るようになります。この時にはNS極が元の磁場とは逆になり黒点が極に移動してNSが反転することになります。これは、1960年近くのバブコック親子による観測と理論が基礎となっています。当時は光球の浅いところでのダイナモ作用によると考えられていましたが、現在では対流層の基底部の薄い層で起こっており表面に向かう大規模な対流が回転により変形され、磁力線の浮き上がりや変形に寄与していると考えられています。太陽内部には数十億アンペアの電流が流れており、磁場が維持されているのです。

要点BOX

- 太陽の赤道と極との非一様な回転
- 磁力線が浮き上がり磁場極性が反転する
- 11年でNS極が反転し、22年周期で戻る

太陽内部の自転周期

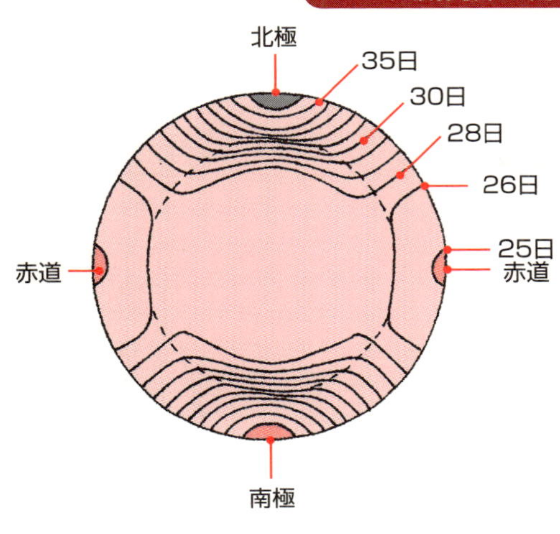

太陽の回転速度は緯度により異なります。赤道で速く（25日で1周）、極で遅い（30日以上で1周）。その値は対流層でほぼ一定。赤道と極近傍で回転速度が異なることが黒点生成、磁場反転の原因となっています。

太陽の磁場の反転（太陽ダイナモ）

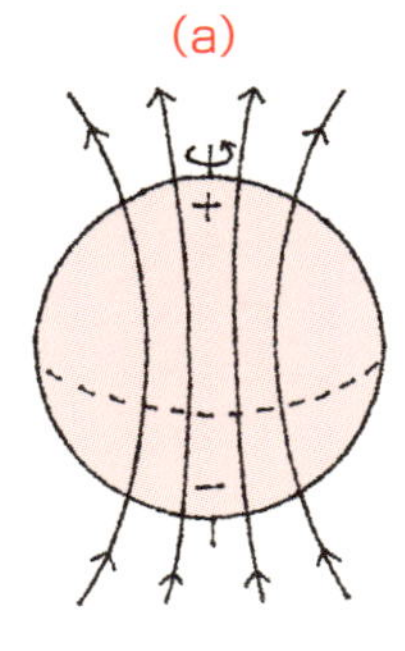

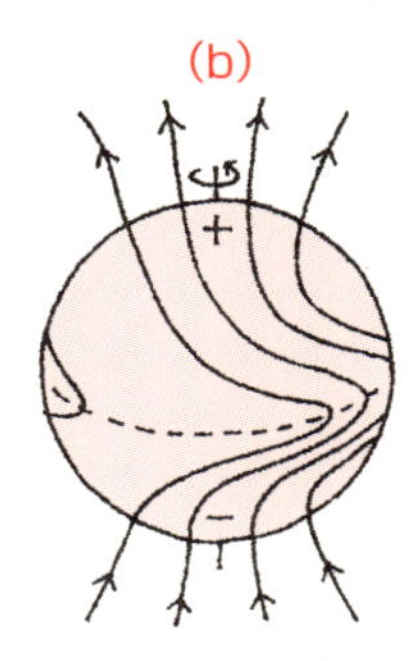

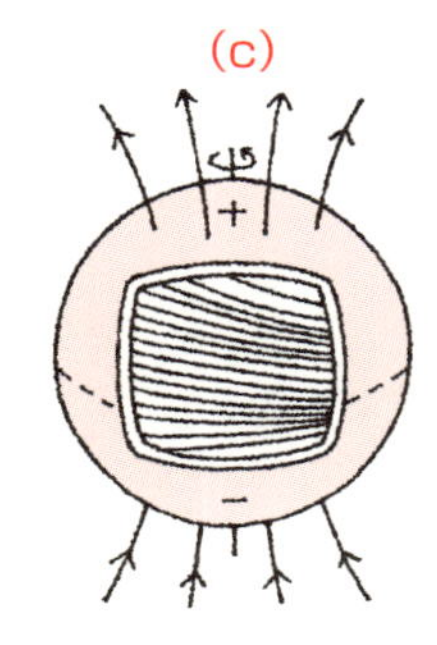

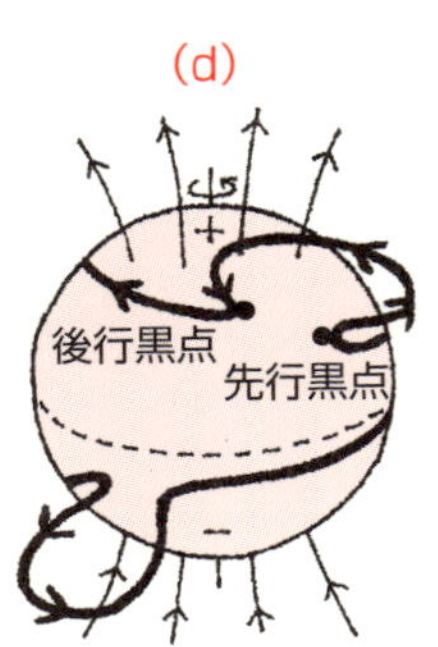

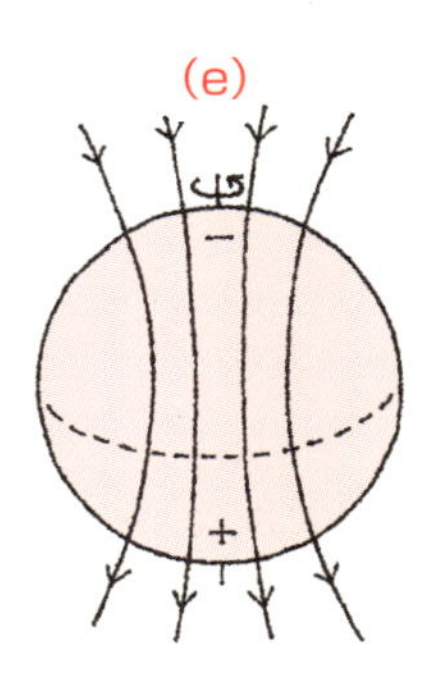

a：太陽サイクルの初期は棒磁石に類似の磁場

b：赤道部のはやい回転で磁力線が変形

c：磁力線が強く巻きつく

d：磁力線が浮き上がって黒点対が生成

e：後行黒点の極が残って極性が反転する

57

宇宙には電波と陽子が満ちている？

ビッグバンと超新星爆発の影響

体温37℃の私たちの身体からは、熱放射による電磁波がいつも放出されています。暗闇でも赤外線カメラで人影が写るのはこの熱放射によるものです。宇宙は非常に冷たく、セ氏温度は−（マイナス）270度（−270℃）であり絶対温度では3度（3K）で1ミリ電子ボルト程度です。体温による熱放射の場合と同様に、宇宙では3Kの温度での宇宙マイクロ波背景放射（CMB）と言われる電磁波で満たされています。このCMBは宇宙の初期のビッグバン（宇宙始まりの大爆発）のなごりと考えられていて、1965年にアメリカのベル研究所のペンジアスとウィルソンによって、その存在が確認されました。宇宙での「電磁放射線」としては、他に太陽光やX線やガンマ線も満ちています。一般に「宇宙線」と呼ぶときには、1ギガ電子ボルト（10^9 ev）以上の高エネルギーの「粒子放射線」を刺しますが、超新星爆発の残骸（SNR）で加速された荷電粒子です。銀河からの宇宙線の9割近くが陽子であり、この陽子が地球の大気圏に突入して、様々な素粒子を生成しています。

1925年頃に、銀河からの宇宙線が何でできているかの論争がアメリカの2人の物理学者で行われました。油滴実験で有名なロバート・ミリカンは「宇宙線電磁波説」を唱え、光子と電子との衝突を研究していたアーサー・コンプトンは「宇宙線粒子説」を提唱しました。電磁波は磁場により曲げられませんが、荷電粒子は地球の磁場により影響を受け、軌道が曲がることになります。赤道付近よりも極付近で宇宙線の強さが大きくなることなど、宇宙線は荷電粒子、主に陽子である事が判明することになります。

荷電粒子は電磁波（光子）との相互作用でエネルギーの交換が起こります。宇宙線の陽子が非常に長い距離を飛ぶ間にCMBの光子との衝突によりエネルギーが減らされるので、観測される陽子のエネルギーの上限は4×10^{19}evであると予測されています。

要点BOX

●宇宙線は電磁放射線と粒子放射線
●宇宙は宇宙マイクロ波背景放射で満ちている
●粒子宇宙線の9割は正電荷の陽子

宇宙からの様々な電磁波

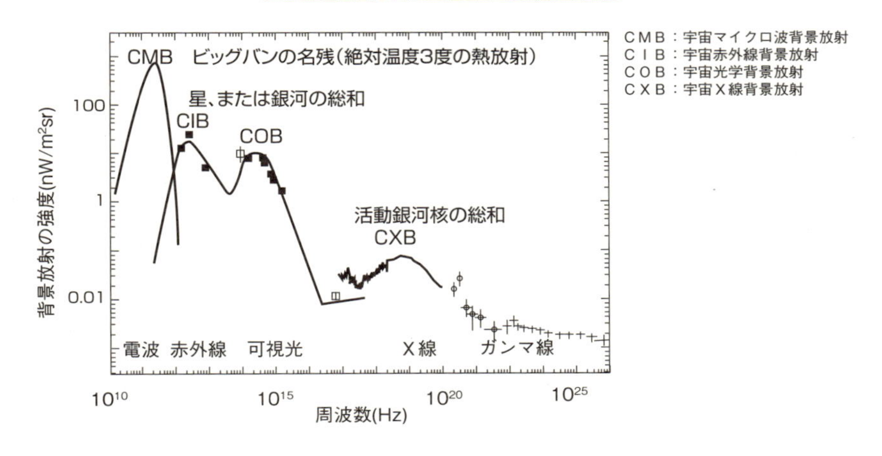

宇宙線陽子のエネルギー分布

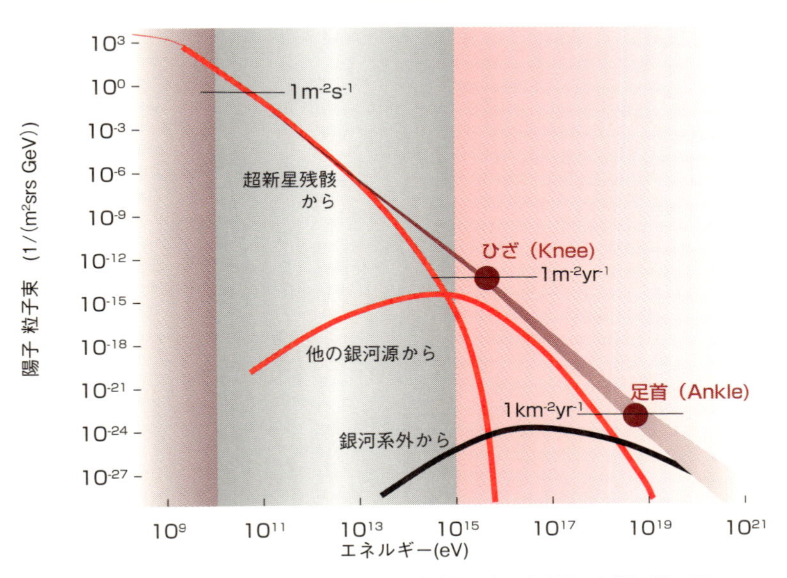

エネルギー分布はエネルギーのおよそ3乗に反比例します。宇宙線の起源の違いが比例線の曲りを足の形になぞらえて「ひざ」と「足首」で明示されています。

58 中性子星は超強磁場？

マグネターとブラックホール

私たちの身の回りでは様々な磁場が利用されています。地上で超強磁場を発生するには、爆薬により磁束を濃縮する爆縮法や、電磁力を用いて磁束の濃縮を行う電磁磁束濃縮法などがあり、数百から千テスラです。自然界にはこの磁場の強さの数十万倍の強さの「中性子星」があります。

質量の極めて大きい星の場合には、超新星爆発後に芯が残り、中性子星かブラックホールとなります。中性子星は、質量は太陽ほどですが、半径はたったの十キロメートルです。超新星爆発での重力崩壊時に電子が原子核に吸収されて中性子の芯ができたものです。

「中性子星」は宇宙で最も高密度な天体であり、そのほとんどが中性子で構成されており、強い磁場を持っています。磁気軸の上下方向からは強いガンマ線が放出されていますが、磁気軸と回転軸が傾いているので、地球から見ると、パルス的なガンマ線が観測されることになります（上図）。この中性子星を「パルサー」と呼びます。この超高エネルギーのガンマ線放射は、ほぼ光速の電子・陽電子の流れに由来するものです。標準的な中性子星の磁場は１００ＭＴ（10^8テスラ）ですが、特に10ＧＴ（10^{10}テスラ）以上の磁場の強いものは「マグネター」と呼ばれ、磁気エネルギーを消費してＸ線を放射すると考えられています。

マグネターの磁場構造の概念を下図に示します。中性子星内部のリング状電流により双極磁場成分が作られていますが、同時にリング電流に巻き付くような電流によりトロイダル（環状）磁場が生成されています。これらの磁場構造からマグネターからの放射線のエネルギー領域の位置が推測できます。

ブラックホール周辺の磁場構造もガスジェットの生成に関連すると考えられており、宇宙での電磁気的な力の重要性が示唆されています。

要点BOX

- ●中性子星の磁場は10^8テスラ
- ●マグネターの磁場は10^{10}テスラ
- ●ブラックホール周辺にも超強磁場あり

いろいろな磁場

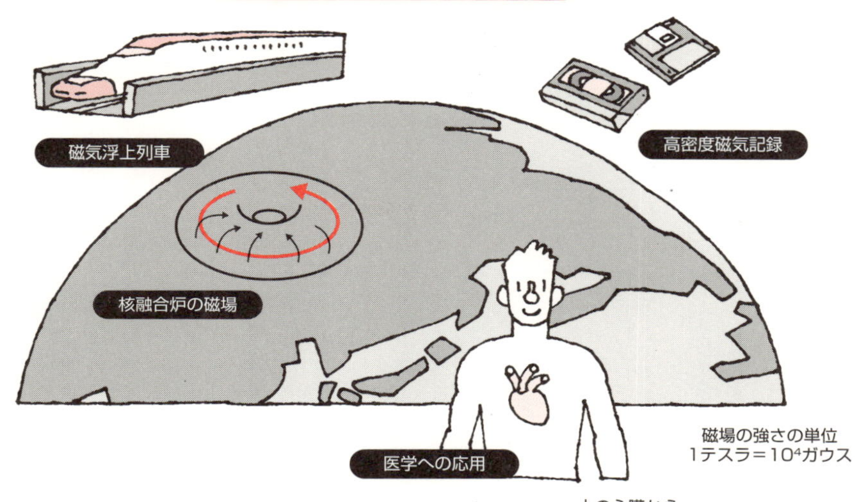

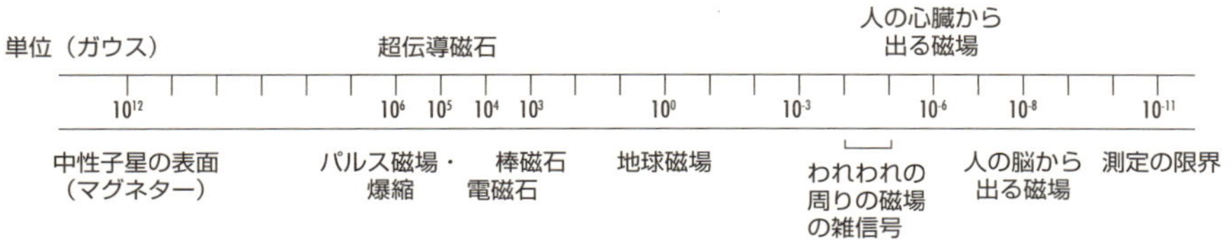

マグネターとブラックホールの磁場の模式図

●マグネターの内部磁場構造

対称軸

回転

軟X線放射域

双極子磁場

トロイダル磁場

硬X線放射域

外部に出る双極子磁場と内部に隠れているトロイダル（環状）磁場との合成の磁場が作られています。トロイダル磁場は中心力を及ぼし、双極子磁場により外向きの力がかかります。観測から示唆される軟X線放射域と、硬X線放射域も示されています。

●ブラックホールの周囲の磁場構造

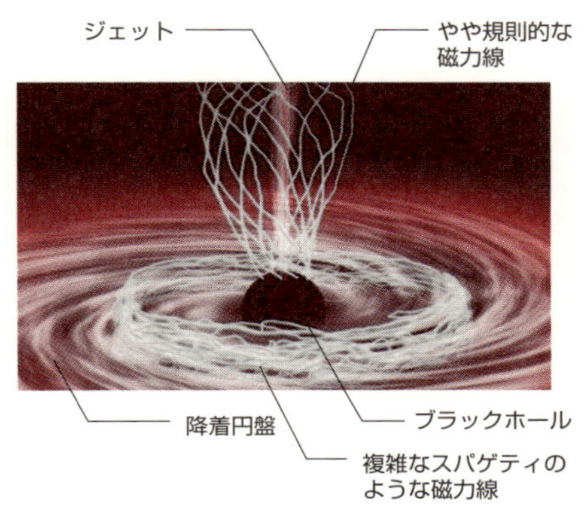

ブラックホール周辺のジェットの生成に磁場が影響している可能性が示唆されています。

（提供:米ハーバード・スミソニアン天体物理学センター）

Column

火の玉は存在する!?（火球と球電）

超常現象としての火の玉やUFO（未確認飛行物体）に関連して、特殊な大気放電としての「火球」「球電」が話題となることがあります。

2013年2月15日にロシアのチェリャビンスク州で「巨大な火の玉」が観測されました。多くの自動車のドライブレコーダーでも明確に確認されていました。これは直径17mで重量1トンの流れ星が大気圏に突入してできた「火球（fireball）」でした。幸い死者はゼロでしたが、1500人近くの負傷者が出ました。流れ星が燃え尽きずに落ちたものは隕石と呼ばれますが、非常に明るく光るものを「火球」と呼びます。

日本でも、火球と考えられる明確な火の玉の観測は年に数回は報告されています。地球の接線方向に落下する場合には、あたかも発行体が飛び上がって飛行していくように見える事がありますが、UFOではなく自然現象です。

また、非常に稀に起こる電気現象として「球電（ball lightning）」と呼ばれる自然現象もあります。これは強い落雷や稲妻が発生したときに水平方向に火の玉が浮遊する現象であり、大気中のプラズマ（電離気体）が関連していると考えられています。火の玉内部に電流が流れ、磁場を生成して、安定な球状のプラズマができていると考えられています。

心霊現象としての「火の玉、人魂（ひとだま）」は死んだ人から離れた魂と言い伝えられていますが、科学的な見地から、火の玉現象をプラズマに関連する自然現象としていくつかの解釈も試みられてきています。

火球
（流れ星による隕石落下）

球電
（落雷時の発光体の水平浮遊）

人魂?
（心霊現象?!）

第10章

輝かしい電気の未来
（未来電気工学）

59 先進のウェアラブルデバイス

スマートウォッチ、スマートグラス

SF映画では、近未来的な様々なウェアラブルデバイスが登場し、その魅力的な機能と近未来的なデザインが観客を魅了します。「ウェアラブルデバイス」とは、腕や頭部などの身体に装着して利用する機器（デバイス）のことです。ここで、デバイスは電子機器の「端末」や「装置」の意味の英語です。「スマートデバイス」や「ウェアラブルコンピュータ」とも呼ばれています。

現状のウェアラブルデバイスとしては、腕時計型とメガネ型が注目を集めていますが、指輪型、腕輪型、靴型、衣服型など、様々な開発がなされてきています。腕時計型の「スマートウォッチ」としては、アップル社のApple Watch、ソニーのSmart Watchなどがあり、リストバンド（腕輪）型としては、ソニーのスマートバンド、米国ナイキ社のFuelbandなどがあります。また、小型カメラを有するメガネ型の「スマートグラス」としては、グーグル社のGoogle Glassが有名です。指輪型は指を空中で操作するだけでスマートフォンやスマート家電を操作できます。

最近はヘルスケア用スマートデバイスの開発が進展しています。腕輪型のスマートデバイスでは、血圧、心拍数を含めての体調管理、運動管理、睡眠管理などが可能です。脚に装着する靴下型やアンクルバンド型なども あり、赤ちゃんの体調管理用として、話題になっています（下図）。胴部デバイスには、生体情報を取得できる機能を持つ「衣服型」や皮膚に直接設置する「電子皮膚型」などがあります。このデバイスにより、心電図・脳波・筋電図・体温を各種センサにより測定することが可能です。

将来的には、現実空間に3次元ホログラム（干渉縞による被写体の映像）を投影できるウェアラブル特有の機能を持つ未来型デバイスが多く発売されることが期待されています。

要点BOX
- ●普及中のスマートウォッチとスマートグラス
- ●ヘルスケアにスマート靴下や電子タトゥー
- ●3次元ホログラム投射の未来デバイス

ウェアラブル端末

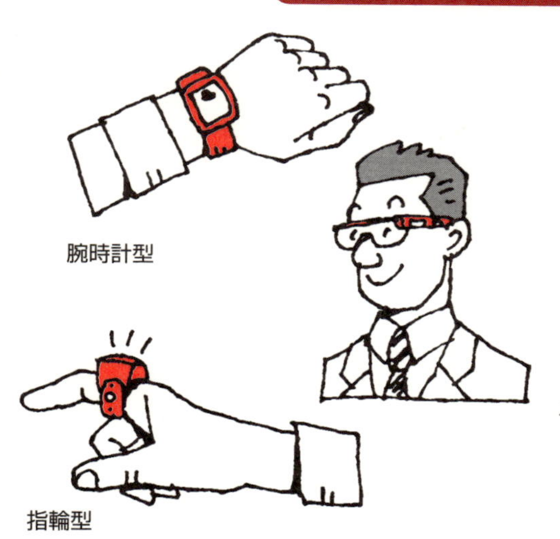

●課題

重量、大きさ、稼働時間、ファッション性、価格

メガネ型

この他に腕輪型や靴下型、衣服型、電子皮膚型などがある

医療用ウェアラブル端末の例

●スマート靴下型

赤ちゃんのヘルスケア

赤ちゃんの睡眠中の体温、心拍数などの分析

●電子タトゥー型

皮膚にプリント
電源はソーラーセル

脳波、皮膚温度、発汗、血液酸素濃度、などの分析

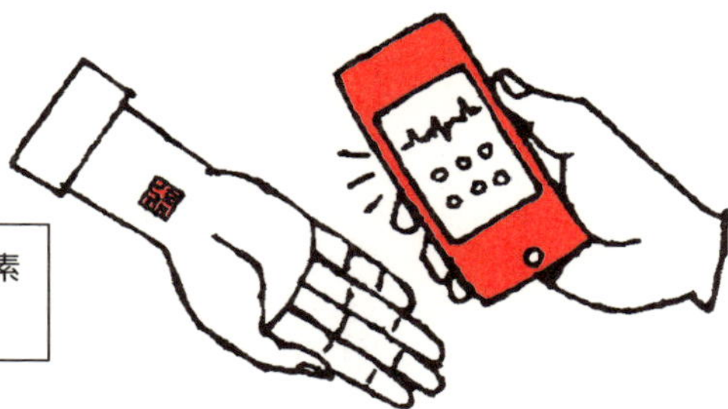

60 未来の超高速コンピュータ

スパコンと量子コンピュータ

　科学技術計算を主な目的としてつくられた大規模計算機は「スーパーコンピュータ」、略して「スパコン」と呼ばれています。スパコンは気象や宇宙などの計算機シミュレーション（模擬実験）に用いられます。計算性能は固定長の仮数部分と指数部分で表わされる数字での浮動小数点演算にはTFLOPSが用いられています。ここで、FLOPS（フロップス）は1秒間に実行される浮動小数点演算の数を表しており、1秒間に1兆（10^{12}）回の速度が1TFLOPS（テラフロップス）であり、千兆（10^{15}）回の速度が1PFLOPS（ペタフロップス）です。家庭のパソコンの計算速度はGFLOPS（ギガフロップス、毎秒十億回）のレベルであり、1990年頃のスパコンCray-2に相当します。現在のスパコンはPFLOPSのレベルです。理化学研究所のスパコン「京（ケイ）」では10・5PFLOPSであり、2011年6月から1年間、世界最速の位置を占めて話題になりました。スパコンの計算速度は、ほぼ10年で1000倍（平均で年に2倍）になるペースで高速化しています。

　現在のコンピュータは、プログラムをデータとして記憶装置に格納し、これを順番に読み込んで実行する「ノイマン型計算機」です。コンピュータの性能が飛躍的に向上したことにより、メモリから命令を読み出す速度が制約になってしまい、これを克服するために様々な非ノイマン型計算機が提唱されています。脳神経回路をモデルとした「ニューロコンピュータ」や、量子力学の原理を応用した「量子コンピュータ」、DNA（デオキシリボ核酸）を計算素子に利用する「DNAコンピュータ」などがあります。

　量子コンピュータは量子力学の「重ね合わせ」の原理を利用して、超並列的計算を実行します。0と1の「ビット」の代わりに「量子ビット」を利用する、これまでの常識を覆す夢のコンピュータなのです。

要点BOX

- 現在のスパコンはノイマン型計算機
- 非ノイマン型はニューロ、量子、DNA概念利用
- スパコン京（ケイ）の計算速度は約10PFlops

スパコンの性能向上

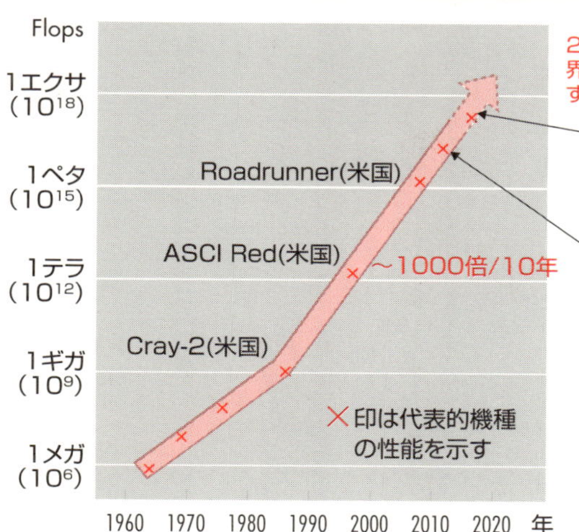

2020年以降は半導体の集積度の限界により伸びが止まる可能性が大です。新しい計算機概念が必要です。

2017年11月世界最速
中国の神威・太湖之光
93PFlops

2011年6月日本の京(けい)
(富士通、理化学研究所)
10.5 PFlops

世界最高速のスーパーコンピュータの性能の進歩

量子コンピュータの原理

●従来型コンピュータ

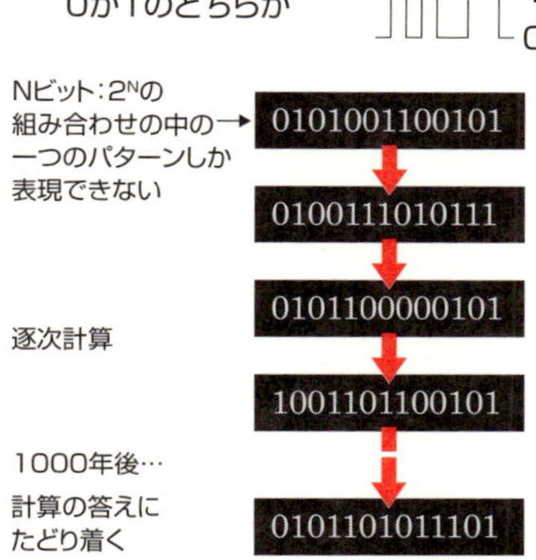

ノイマン型
ビット(0か1)
逐次計算
プログラム内蔵

●量子コンピュータ

量子ビット
0と1の"重ね合わせ状態"

0　1　重ね合わせ

0101001100101

Nビット:2^Nの組み合わせすべてを同時に表現できる

量子計算

量子的な効果を利用した並列計算
・量子もつれ
・量子相関
・干渉効果　etc

1111101011101

"重み"が変わる

数秒後…
計算の答えが得られる

0101001100101

非ノイマン型
量子ビット(重ね合わせ)
並列計算
特別なアルゴリズム

61 夢のガン治療機器

重粒子線治療と遺伝子治療

現在日本での死因第一位は28%を占めている悪性腫瘍（ガン）であり、年間約35万人がガンで亡くなっています。「ガン治療」には、３大治療法として、外科治療（病巣を切除する手術）、化学治療（抗がん剤投与などの薬物療法）、そして、放射線治療（X線、陽子線、重粒子線などの照射）があり、様々な場面で医療電子電気工学の活用・発展がなされています。

放射線治療法としては、電磁波（X線・ガンマ線）、電子線、粒子線（陽子・中性子・中間子など）が用いられますが、周囲の正常組織や血液細胞の損傷などの放射線治療による副作用に留意する必要があります。ガン組織に大きな線量を照射して破壊する局所治療を行うと同時に、正常組織への障害を最小限に押さえる方法として「重粒子線治療」があります。ここではヘリウムよりも重いイオンを「重粒子」と呼び、粒子加速器で重イオンを加速して、目標の体の深部にまで到達させます。粒子線の場合には「ブラッグピーク」と呼ばれる線量吸収のピークができます。患部の形に合わせて炭素線の深さ、方向の到達範囲を調節する用具（ボーラス）を利用し、炭素イオンを光速の70%まで加速して患者の病巣に照射します。

化学治療としては効果の高い抗がん剤が開発されています。私たちが飲んだ薬の多くは、胃や小腸を経て肝臓に送られ、血液によって全身に送られますが、がん細胞だけに集中的に薬を届け、その場で抗ガン剤が溶け出すタイミングを調整できるような「ナノマシン」ができれば理想的です。これにはウィルスサイズの極小カプセル「高分子ミセル（抗がん剤を内包する微粒子）」が開発されてきています。１メートルの10億分の1の大きさに関する医療を「ナノ医療」と呼ばれますが、光学顕微鏡での観測は不可能で、電子顕微鏡が必要となります。ナノマシンにより遺伝子を送る試みは、SF映画「ミクロの決死圏」の世界を具現化した未来科学技術なのです。

要点BOX
- ●医療電子電気工学の活用・発展
- ●加速器を用いた重粒子線ガン治療
- ●ナノマシンを利用したガン抑制遺伝子治療

重粒子線によるガン治療

●各種放射線（電磁波と粒子線）の生体内の線量分布

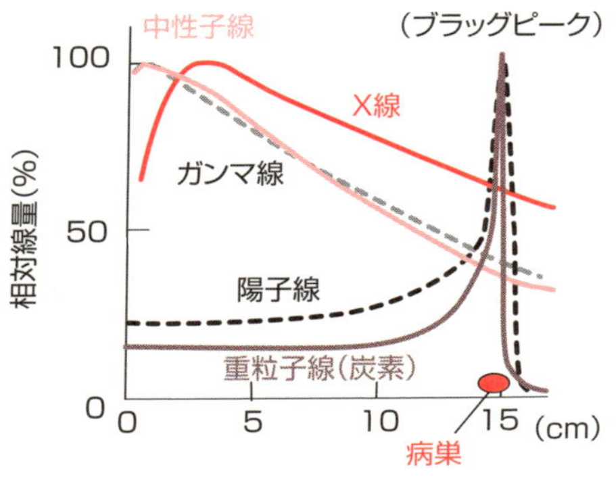

●肺がんへの重粒子線照射

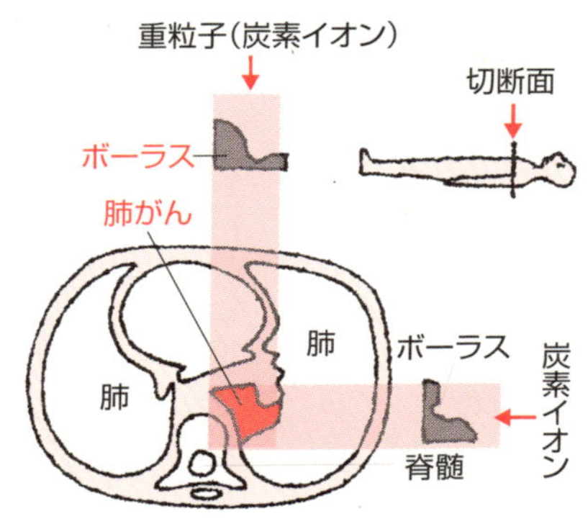

ボーラスとは、粒子線照射の深さと方向を調節する器具です。

ナノマシンによる遺伝子治療

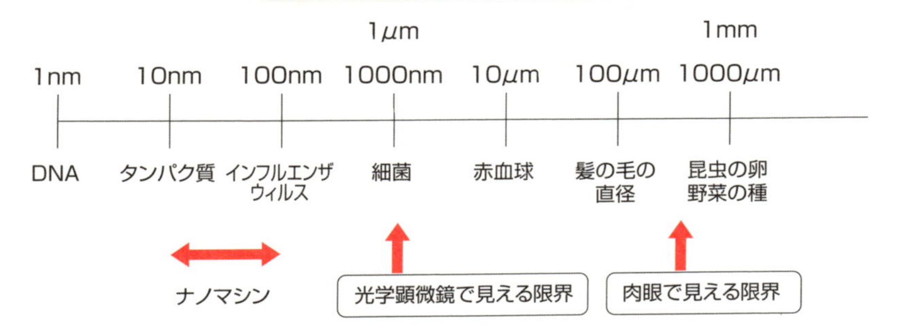

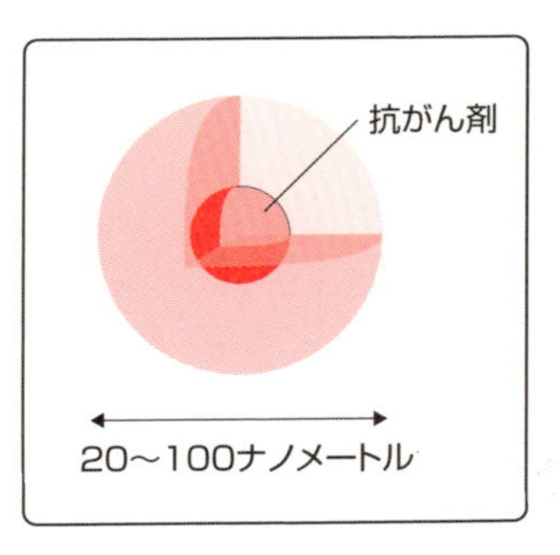

ナノマシンは細胞に取り込まれると膜に取り囲まれます。ナノマシンは膜内の酸性環境を検知して、この膜を光に反応すると不安定化させる薬剤を放出するため、光を照射した細胞の核に選択的に目的の遺伝子が届きます。

62 先進の知能ロボット

アンドロイドとユビキタス・ロボティクス

子供のころの夢のロボットは、昔は鉄人28号や鉄腕アトム、そして、マジンガーZ、機動戦士ガンダム、今はエバンゲリオンなどがあります。大型ロボットを遠隔操作したり、人間がロボット内部に入って操作したり、など、様々な夢のロボットがアニメで登場します。

現在では、家庭でのお掃除ロボットや人型ロボットとしてのアシモ（本田技研）、ペッパー君（ソフトバンク）、さらには人体装着型ロボット（パワードスーツ）、介護ロボット、極限ロボットなど、様々なロボットが開発・活用されてきました。最近は音声認識などの人工知能（AI）を搭載したロボットも活用されてきています。

未来社会では、アンドロイド（人造人間）やサイボーグ（生体とロボットの結合体）、さらには。ヒューマロイド（人型ロボットや人型未確認生物）の活躍が夢見られています。

また未来の技術として、環境をロボット化する「ユビキタス・ロボティックス」があります。ユビキタスとは、もともとラテン語で「同時にいたるところに（神が）存在する」という意味のubiquitasを語源とする形容詞です。ユビキタス・ロボティクスは、従来のロボットのように一体としてシステム化するのではなく、ロボットを構成するコンピュータ、センサ、アクチュエータなどを空間的に分散配置し、ネットワーク結合することで、人へのサービスを実現しようとする新しいロボットの概念です。従来の単体型ロボットと異なり、ロボット環境のインフラ技術としても注目されています。

一般的に、身の回りにいつでも情報通信機器があり、それらを利用する環境を、「ユビキタス・コンピューティング」と呼びますが、人がコンピュータを身につける「ウェアラブルデバイス」（59）とも深い関連があります。

要点BOX
- ●人工知能（AI）搭載のロボットが活躍中
- ●さまざまなロボットをネットワーク結合したユビキタス・ロボティックスの未来社会

様々なロボット

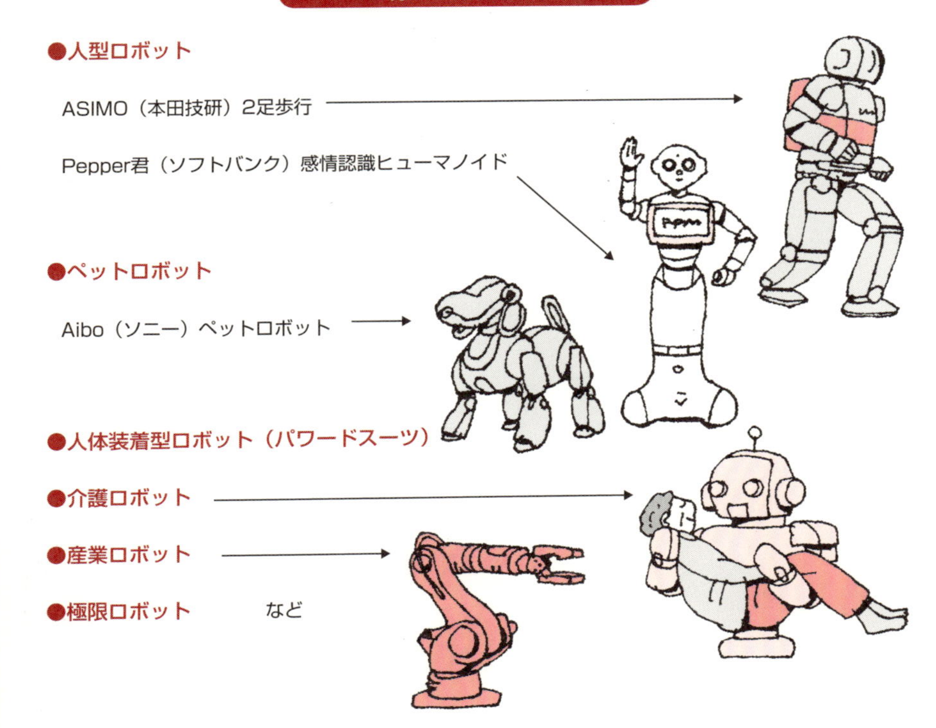

ユビキタス・ロボティクス

（ロボット要素を環境に自由に分散配置させたシステム）

（5W1H）いつでも、どこでも、誰でも、何でも、自由に、
ネットワークにより、つながっている「ユビキタス社会」

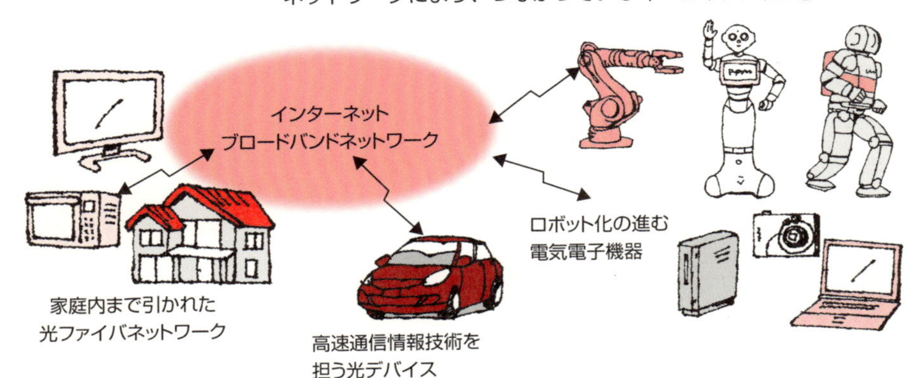

63 夢の未来自動車

空飛ぶ燃料電池車の自動運転化

SF映画では様々な未来自動車が登場します。映画バックトゥザフューチャーでは空飛ぶタイムマシン自動車「デロリアン」が登場し、その動力源は夢の核融合エンジンです。現在、環境性能の向上のための「クリーン自動車」の推進や、安全な「自動運転化」と柔軟な「空飛ぶ自動車」の開発が進められています。

次世代自動車の購入には、国から補助金が出る「クリーンエネルギー自動車等導入促進対策費補助金」(CEV補助金)の制度があり、対象となる車は、燃料電池車、電気自動車、プラグインハイブリッド車、クリーンディーゼル車の4種類です。電気自動車(EV)は、走行時に二酸化炭素などの温室効果ガスを排出しないので、クリーンな自動車です。電気自動車は充電に時間がかかり走行距離が短いのが課題です。ガソリンエンジンを有し、家庭用のコンセントからも充電できるプラグインハイブリッド自動車(PHV)はEVへの過渡的な自動車として重要です。

一方、燃料電池自動車(FCV)は、数分程度の水素燃料の充填で数百kmの走行が可能です。また、FCVは水蒸気しか排出せず、ガソリン自動車よりも2倍以上効率的なエネルギー変換が可能であり、騒音が出ないメリットも電気自動車と同じです。現状のFCVの短所は、航続距離が少し短く、水素ステーションが未だ完備していない点です。また、燃料である水素の運送や貯蔵や、燃料電池の価格が高いのが課題です。

自動運転化に関しては、2030年頃には完全自動制御の運転が実用化されると期待されています。ただし、事故時の責任の所在や、多人数を助けるために少人数を犠牲にすることの倫理的問題(トロッコ問題)などが課題として残っています。

空飛ぶ自動車の開発も進められています。折り畳み翼型はすでに実用化されており、ドローン型の自動車などの開発が進められています。

要点BOX

- 自動車の環境性能向上は電気自動車(EV)と燃料電池車(FCV)で
- 未来自動車の運転は自動運転化と空中飛行

電気自動車と燃料電池自動車の比較

共通の利点
- ○走行時、CO_2排出ゼロ
- ○走行時、音や振動が小さい
- ○停電時に電源として利用可能

●電気自動車（EV:Electric Vehicle）

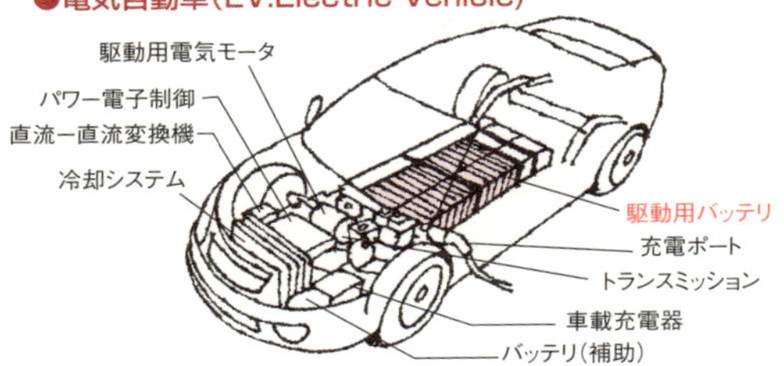

（参考）プラグインハイブリッド自動車（PHV）

過渡的には、ガソリンエンジンとのハイブリッド自動車

- ○近距離用に適する
- ○自宅充電可能
- ▲充電時間が長い
- ▲航続距離が少し短い
- ▲電池の経年劣化

●燃料電池自動車（FCV:Fuel Cell Vehicle）

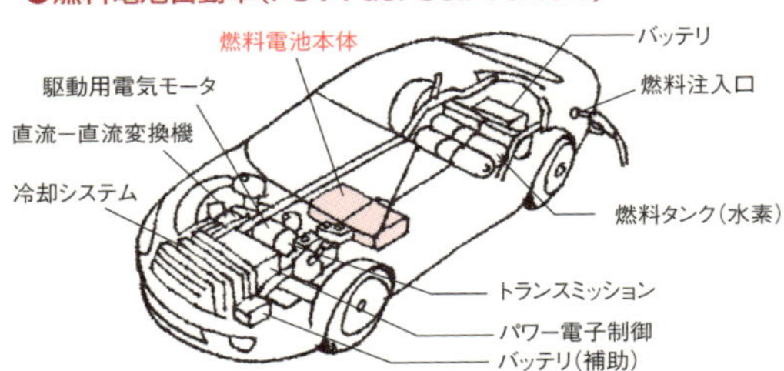

- ○燃料充填時間短い（約3分）
- ○航続距離がガソリン車とほぼ同じ
- ▲水素ステーションが未整備
- ▲燃料電池や水素燃料搬送などが高価

未来自動車の高性能化

●自動運転化のロードマップ

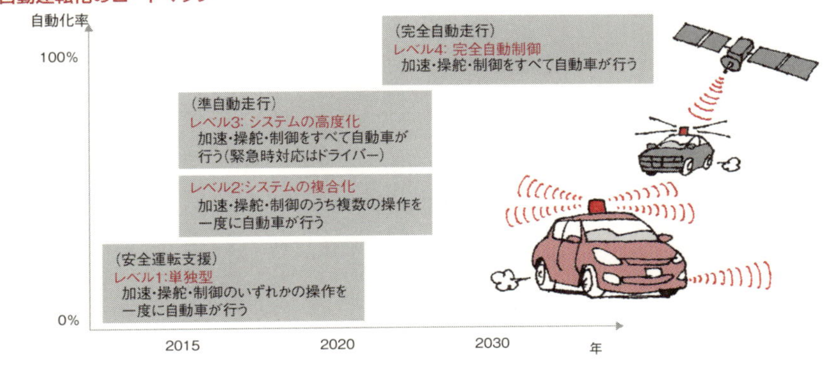

●空飛ぶ自動車

- 気球型
- 折り畳み翼型
- 垂直／短距離離着陸機（V／STOL機）型
- ヘリコプター／ドローン型、など

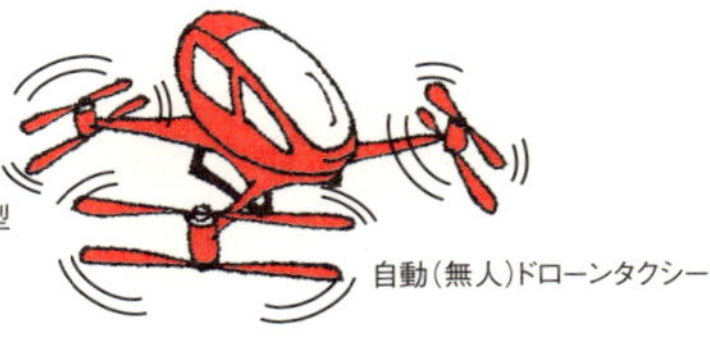

64 先進の超電導技術

核融合、加速器、SMES、MRI、リニア

超電導技術は電気工学の様々な分野で利用されてきました。ただし、この現象が現れる温度（超電導転移温度）が非常に低く、冷却に高価な液体ヘリウムが使われ、極低温（4K、マイナス269℃）を維持する必要があります。転移温度を室温まで近づけることができれば、応用の幅は飛躍的に広がります。

当初は超電導体の発見から超電導転移温度は3年に1K上昇させるほどで、液体窒素温度（77K、マイナス196℃）になるのは22世紀であろうと考えられていました。しかし、1886年に発見された高温超電導体（銅酸化物超電導体）が一気に77Kを超えています。最近では、150万気圧（150ギガパスカル）の特殊環境ですが絶対温度203度（マイナス70℃）の高温で超電導体となることが発見されています。鉄系の高温超電導線材も開発されてきています。

従来の低温超電導体や最近の高温超電導体を用いて、電気工の未来が展望されています。電力関連では、強磁場の大型超電導マグネットを用いた「核融合」、電力損失を小さくするための「超電導発電機」「超電導送電ケーブル」や「超電導電力変換器」も開発されています。また、「超電導電力貯蔵装置（SMES）」も開発されてきています。研究用には、「強磁界磁石」の開発や、その磁石を用いた「粒子加速器」の研究開発がなされてきています。超電導線材の製造には機械・プロセスとしての「製鉄」が重要ですが、事故時の短絡大電流を制限する必要があります。大電流で常電導に変化する超電導線と転流用の常電導抵抗とを並列に組み入れた「超電導限流器」が用いられています。医療用には「核磁気共鳴画像法（MRI）」が代表的です。交通技術として、「磁気浮上式鉄道」としてのリニア新幹線の建設も東京・名古屋間の2027年完成目標で進められています。情報・通信・制御に関連する素子にも超電導は利用されており、超電導技術が電気の未来を切り拓いています。

要点BOX

- 高温超電導が電気の未来を飛躍的に拓く
- 電力関連では核融合、超電導送電、SMES
- 加速器、MRI、リニアなども超電導

超電導転移温度の推移

超電導転移温度 T_c(K)

200
100
0

H₂S(150万気圧)
◉は150万気圧の硫化水素
地球表面の最低温度(180K：−93℃)
銅酸化物
液化天然ガス温度(111K：−162℃)
$HgBa_2Ca_2Cu_3O_y$
$Tl_2Ba_2Ca_2Cu_3O_y$
$HgBa_2Ca_2Cu_3O_y$(15万気圧)
$Bi_2Sr_2Ca_2Cu_3O_y$
$YBa_2Cu_3O_7$
窒素の沸点(77K：−196℃)
鉄系
SmFeAs (O,F)
$(La,Sr)_2CuO_4$
$(La,Ba)_2CuO_4$
MgB_2
$NbFePO_{1-y}$
Ca(High P.)
水素の液化温度(20K：−253℃)
Nb_3Ge
Nb_3Sn
LaFeAs(O,F)
LaFeP(O,F)
Hg　Pb　NbC　NbN　Nb_3(Al,Ge)

1900　1920　1940　1960　1980　2000　2020　年

1911年　金属系超電導体(●)の発見
1986年　銅酸化物超電導体(▲)の発見
2008年　鉄系超電導体(■)の発見

(http://www.spring8.or.jp/ja/news_publications/press_release/2016/160510/)

電気の未来と超電導技術

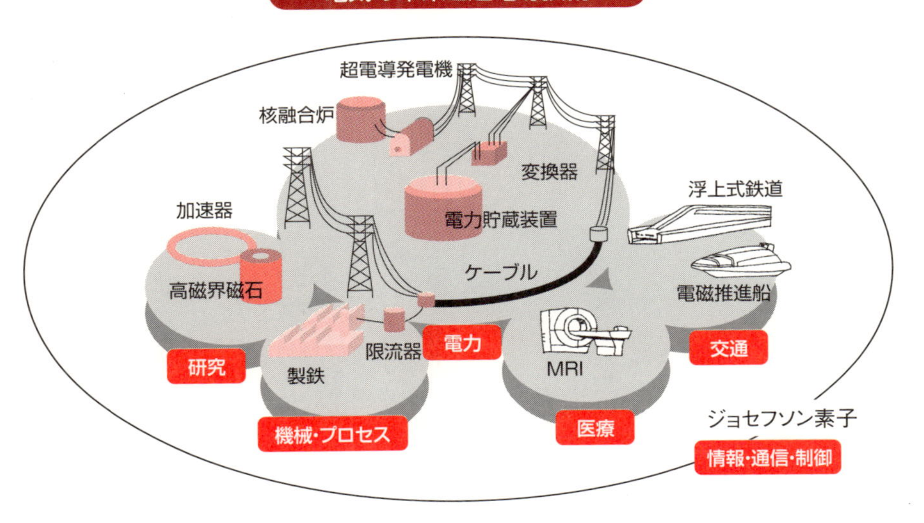

Column

未来社会でも電気はエネルギーの中心にある!?（電気と水素の未来社会）

私たち人類は「火」のエネルギーを手に入れ、寒さと夜の暗闇からの恐怖を乗り越え、農耕文明を築き上げてきました。そして、第二・第三の火としての「電気」・「原子力」のエネルギーを手に入れ、近代から現代への工業文明を発展させています。新しいエネルギーにより新しい文明を築き上げられてきたのです。

エネルギーは1次エネルギーと2次エネルギーとに分類できます。自然界にあるエネルギーを加工して使いやすくした電気や都市ガスなどのエネルギーが2次エネルギーです。

電気は安全でクリーンなエネルギーであり、高効率でかつ使いやすく、電力使用量は増える一方です。1次エネルギー供給量のうち発電用の占める割合は「電力化率」と呼ばれます。世界的にも便利な電化製品が普及し、ガス燃料（プロパン、水素）や液体燃料（ガソリン、等）に比べて、電気エネルギーは社会的なインフラとしての電力網が発達していて、先進国ほど電力化率が高くなっています。

未来社会でも電気はエネルギーの中心にあります。宇宙文明を支えるための一次エネルギーとして、夢の核融合発電と宇宙太陽光発電とに期待がよせられています。二次エネルギーはクリーンなエネルギーとしての電気と、ガソリンなどに代わる水素です。それらを使って、私たちの照明、運輸、工場、家庭へのエネルギー供給システムが構想されています。

人類の発展のためには、環境保護とエネルギー供給拡大、そして経済発展の3つの課題克服は必須であり、クリーンで豊富なエネルギー源の模索が続けられています。新しい科学技術開発、とりわけ、電気工学による技術開発により輝かしい未来が訪れることに期待したいと思います。

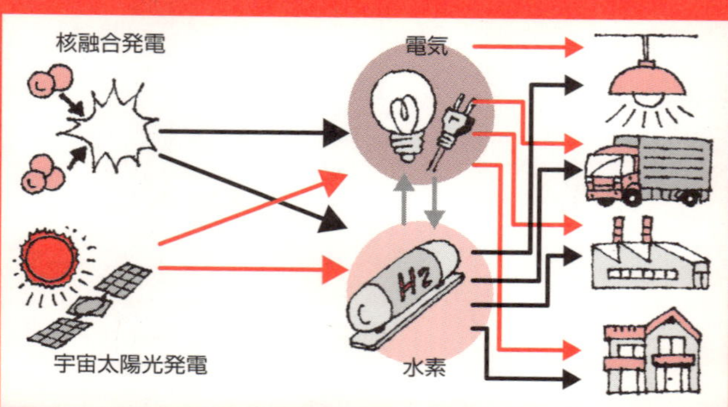

マ

ヤ

ラ

タ

ナ

ハ

索引

英数字

ア

カ

サ

今日からモノ知りシリーズ
トコトンやさしい
電気の本　第2版

NDC 427

2005年 6月28日 初版1刷発行
2014年11月28日 初版10刷発行
2018年 7月20日 第2版1刷発行

発行者　井水治博
発行所　日刊工業新聞社
東京都中央区日本橋小網町14-1
（郵便番号103-8548）
電話　編集部　03（5644）7490
販売部　03（5644）7410
FAX　03（5644）7400
振替口座　00190-2-186076
URL　http://pub.nikkan.co.jp/
e-mail　info@media.nikkan.co.jp
印刷・製本　新日本印刷（株）

●DESIGN STAFF
AD──────志岐滋行
表紙イラスト────黒崎　玄
本文イラスト────小島サエキチ
ブック・デザイン ──大山陽子
（志岐デザイン事務所）

●
落丁・乱丁本はお取り替えいたします。
2018 Printed in Japan
ISBN　978-4-526-07866-8　C3034

●著者略歴
山﨑　耕造（やまざき・こうぞう）
1949年　富山県生まれ。
1972年　東京大学工学部卒業。
1977年　東京大学大学院工学系研究科博士課程修了・工学博士。
名古屋大学プラズマ研究所助手・助教授、核融合科学研究所助教授・教授を経て、2005年4月より名古屋大学大学院工学研究科エネルギー理工学専攻教授。その間、1979年より約2年間、米国プリンストン大学プラズマ物理研究所客員研究員、1992年より3年間、（旧）文部省国際学術局学術調査官。
2013年3月 名古屋大学定年退職。

現在　名古屋大学名誉教授、
自然科学研究機構核融合科学研究所名誉教授、
総合研究大学院大学名誉教授。

●主な著書
「トコトンやさしいプラズマの本」、「トコトンやさしい太陽の本」、「トコトンやさしい太陽エネルギー発電の本」、「トコトンやさしいエネルギーの本　第2版」、「トコトンやさしい宇宙線と素粒子の本」（以上、日刊工業新聞社）、「エネルギーと環境の科学」、「楽しみながら学ぶ物理入門」、「楽しみながら学ぶ電磁気学入門」（以上、共立出版）など。